湖北水利水电职业教育品牌建设项目规划教材
湖北水利水电职业技术学院课程改革系列教材

水利水电工程施工图识读

主　编　沈蓓蓓
副主编　汪小妹　王忠友
　　　　刘庭想　贺荣兵
主　审　庞　璐

黄河水利出版社
·郑州·

内 容 提 要

本书是湖北水利水电职业教育品牌建设项目规划教材、湖北水利水电职业技术学院课程改革系列教材之一,是根据国家"十三五"教育发展规划纲要,结合我国水利行业发展总体规划要求及行业、产业发展现状,为适应现代高职教育培养应用型、技能型人才和水利水电建筑工程专业及专业群人才培养方案的要求,按照水利水电工程施工图识读课程标准编写的教材。本书共有四章,主要内容有水利水电工程识图基础、挡水建筑物识读、输水建筑物识读、泄水建筑物识读,选取典型的挡水建筑物、输水建筑物、泄水建筑物的实际工程施工图,详细介绍了水利水电施工图的专业识图方法。

本书可供高职高专相关专业师生学习参考,也可供水利水电工程施工技术与管理人员参考使用。

图书在版编目(CIP)数据

水利水电工程施工图识读/沈蓓蓓主编.—郑州:黄河水利出版社,2021.6
湖北水利水电职业教育品牌建设项目规划教材
ISBN 978-7-5509-3009-4

Ⅰ.①水… Ⅱ.①沈… Ⅲ.①水利水电工程-工程施工-识图-高等职业教育-教材 Ⅳ.①TV5

中国版本图书馆 CIP 数据核字(2021)第 114346 号

组稿编辑:简群 电话:0371-66026749 E-mail:931945687@qq.com

出 版 社:黄河水利出版社 网址:www.yrcp.com
地址:河南省郑州市顺河路黄委会综合楼 14 层 邮政编码:450003
发行单位:黄河水利出版社
发行部电话:0371-66026940、66020550、66028024、66022620(传真)
E-mail:hhslcbs@126.com
承印单位:河南承创印务有限公司
开本:787 mm×1 092 mm 1/16
印张:6
字数:140 千字 印数:1—4 100
版次:2021 年 6 月第 1 版 印次:2021 年 6 月第 1 次印刷

定价:28.00 元

前　言

湖北省作为水利强省和中部崛起的重要战略支点，对水利水电职业教育提出了新要求。为了提高湖北水利水电技能人才的培养质量，带动和促进湖北职业教育科学发展，更好地服务于湖北水利水电事业，我们编写了《水利水电工程施工图识读》。本书以湖北水利水电职业教育集团的职业教育品牌为平台，以水利类和电力类品牌专业建设为核心，促进人才培养模式和课程体系创新；以师资队伍建设为重点，建设结构合理、素质优良、专兼结合的教练型教师队伍；以人才培养质量监控、评价体系的建立与完善为着力点，将质量观念融入人才培养全过程；从实事着手，主动发挥行业职业教育特色优势，努力提升社会服务能力。

本书是一门工学结合的特色教材，分析了水利水电建筑工程的现状，以实际工程施工图为载体，以工学结合为主线，以水利水电行业人才的需求为核心，重点培养学生的专业识图技能；结合岗位要求和职业能力标准，按照工程实际的教学思路进行构建，将水利水电工程施工过程中所需要的读图知识、读图能力和素质进行重新架构，整合成为一门水利类专业图识读课程；注重培养学生的职业能力和综合素质，把孤立的理论和实践教学有机融合在一起。

本课程以水利水电工程识图基础、挡水建筑物识读、输水建筑物识读、泄水建筑物识读为主线构建一个完整的教学过程。

本书由湖北水利水电职业技术学院组织编写，具体编写人员及编写分工如下：第一章由刘庭想、贺荣兵编写，第二章由沈蓓蓓、庞璐编写，第三章由王忠友编写，第四章由沈蓓蓓、汪小妹编写。本书由沈蓓蓓副教授担任主编，并负责统稿；由汪小妹、王忠友、刘庭想、贺荣兵担任副主编；由湖北水利水电职业技术学院庞璐教授担任主审。

在编写过程中，课程建设团队及相关专业领域教师给予了帮助和支持，并提出了宝贵意见，在此表示诚挚的感谢！

本书引用了大量的规范、专业文献和资料，恕未在书中一一注明。在此，对有关作者表示诚挚的谢意！

由于作者水平有限，加之时间仓促，书中难免存在不足之处，恳请广大师生及读者对书中的缺点和疏漏，提出批评指正。

编　者

2021 年 3 月

前言

目 录

第一章　水利水电工程识图基础

第一节　基本体的识图特征

基本体识读,是指通过基本体视图特征的分析、归纳,对基本体视图所表达的对象做出迅速而又准确的判断。基本体的识图特征可归纳为以下四个方面。

一、柱体的识图特征——矩矩为柱

如图 1-1 所示,柱体的视图特征为“矩矩为柱”。其含义是,在基本体的三视图中,如有任意两个视图的外形轮廓为矩形,则它所表达的就是柱体。至于是何种柱体,可结合阅读第三视图判定。在图 1-1 所示的三组基本几何体视图中,图 1-1(a)的正视图、左视图是矩形,俯视图为五边形,说明所表达的是一个五棱柱。图 1-1(b)的正视图、左视图为矩形,俯视图为三角形,所表达的是三棱柱。同法可知,图 1-1(c)所示为圆柱的三视图。

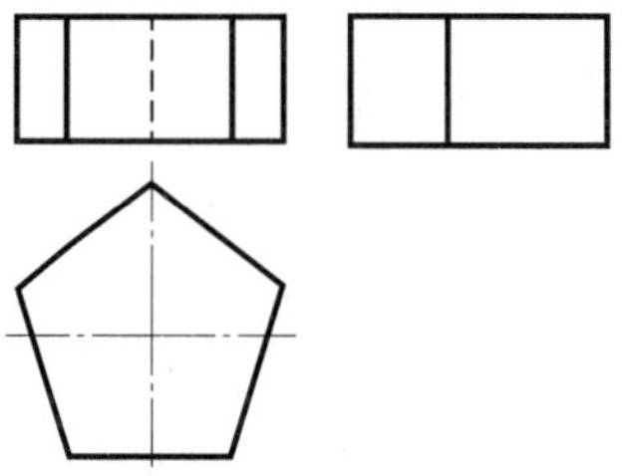

(a)五棱柱

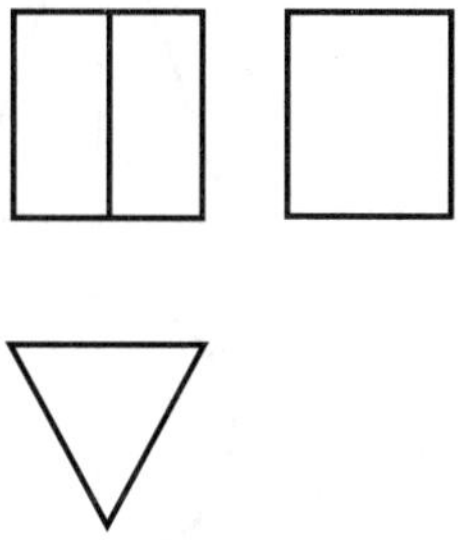

(b)三棱柱

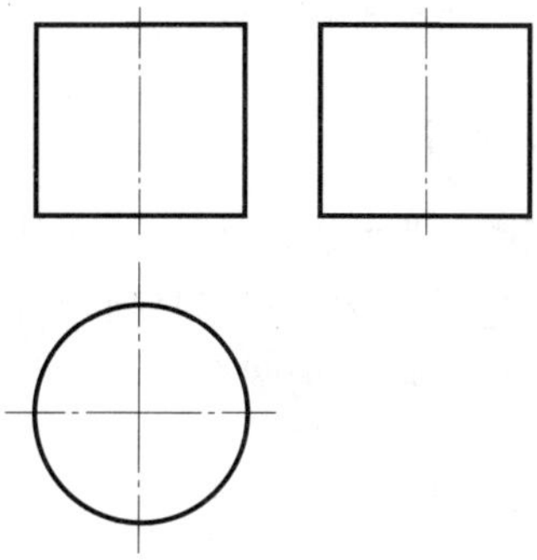

(c)圆柱

图 1-1　柱体的视图特征

二、锥体的视图特征——三三为锥

如图 1-2 所示，锥体的视图特征可概括为“三三为锥”。在基本体的三视图中，如有两个视图的外形轮廓为三角形，则它所表达的就是锥体。至于是何种锥体，由第三视图确定。由此不难看出，图 1-2(a) 所示为六棱锥，图 1-2(b) 所示为四棱锥，图 1-2(c) 所示为圆锥。

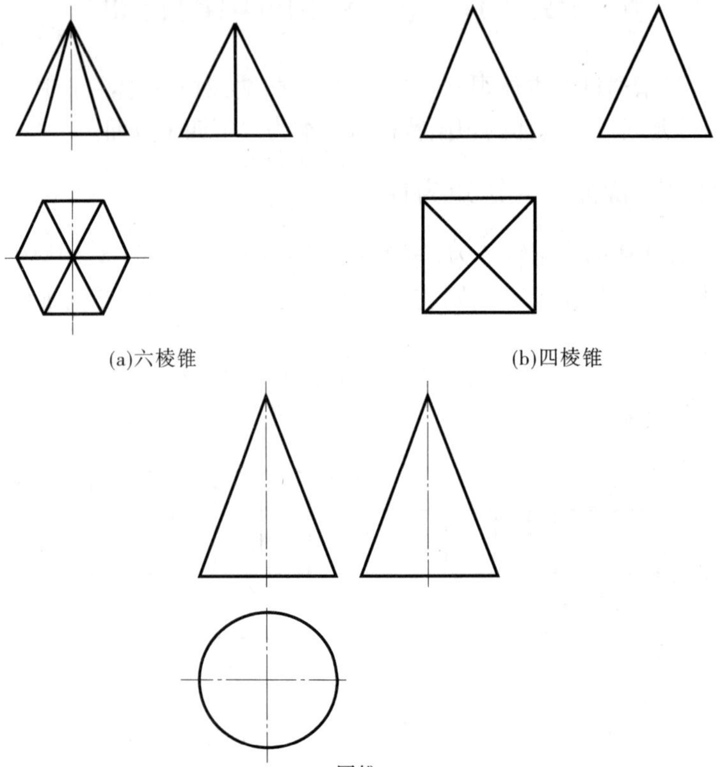

(a)六棱锥　(b)四棱锥　(c)圆锥

图 1-2　锥体的视图特征

三、台体的视图特征——梯梯为台

如图 1-3 所示，台体的视图特征可概括为“梯梯为台”。在基本体的三视图中，如有两个视图的外形轮廓为梯形，所表达的一定是台体。至于是何种台体，由第三视图确定。据此可知，图 1-3(a) 所示为六棱台，图 1-3(b) 所示为圆台。

四、球体的视图特征——两圆为球

如图 1-4 所示，球体的三个视图都具有圆的特征，即“两圆为球”。图 1-4(a) 所示为圆球，图 1-4(b) 所示为半圆球。

对于上述柱、锥、台、球体的视图，如已知其中两个视图，且其中一个视图反映底面形状，同样可确定其几何形状。

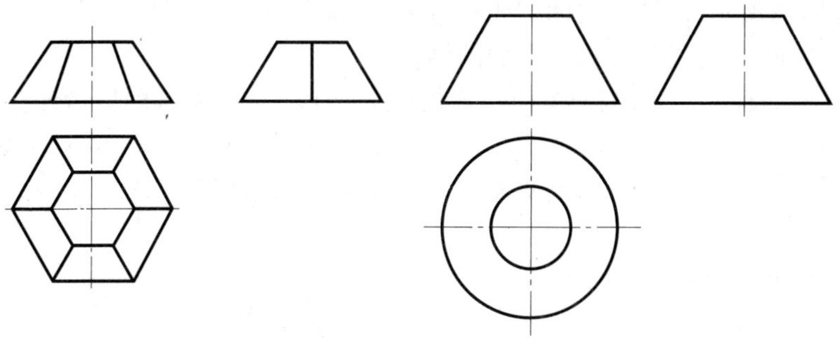

(a)六棱台　(b)圆台

图 1-3　台体的视图特征

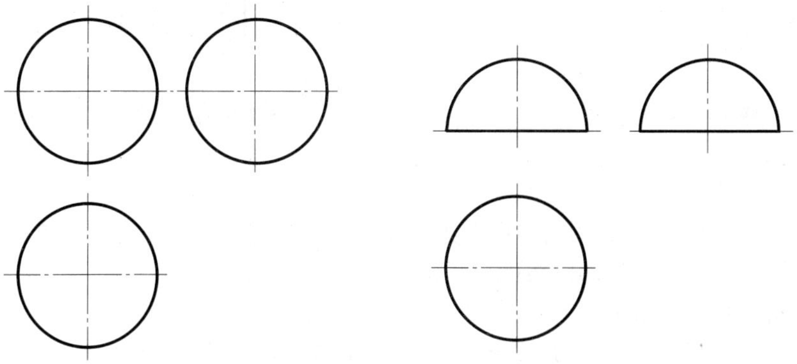

(a)圆球　(b)半圆球

图 1-4　球体的视图特征

第二节　组合体的识图知识

在能够快速读懂基本体三视图的基础上，再掌握扎实的读图基础知识和读图基本方法，并且通过大量的读图练习，就能快速读懂组合体的三视图。

一、读图的基础知识

(一)掌握读图的准则

由于一个视图不能确定组合体的形状，因此看图时应以主视图为中心，将各视图联系来看，这是读图的准则。

(二)熟记读图的依据

三视图间的投影规律及基本体三视图的图形特征和各种位置直线、各种位置平面的投影特征是读图的依据，只有熟练地掌握它们，才能读懂各类组合体的图形。

(三)弄清图中线和线框所代表的含义

(1)如图 1-5 所示，视图中的图线可表示：面与面交线的投影，平面或柱面的积聚性投影，曲面轮廓素线的投影。

(2)如图 1-6 所示,视图中封闭的线框可表示:体的投影,孔洞的投影,面的投影。面可能是平面、曲面,也可能是平面与曲面的结合。

(3)两线框如有公共线,则两个面一定是相交或上下或左右或前后错开。

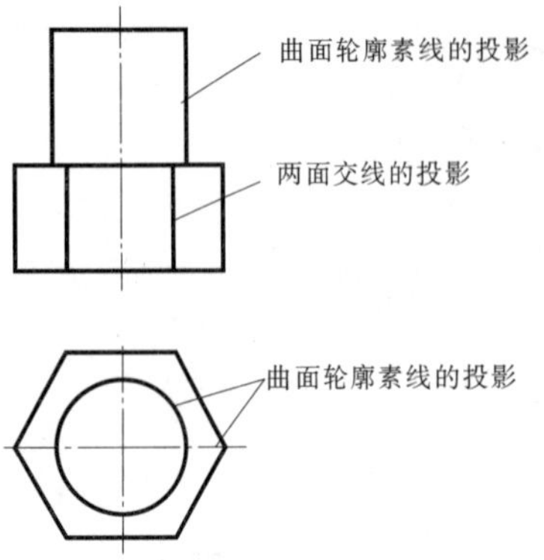

图 1-5　线的含义

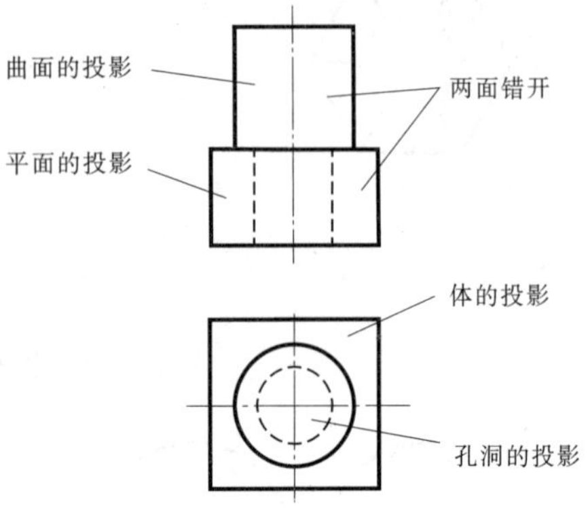

图 1-6　线框的含义

二、读图的基本方法

读图是画图的反向思维过程,所以读图的方法与画图是相同的。读图的基本方法也是形体分析法,遇难点部分辅以线面分析法。

(一)形体分析法读图

形体分析法读图的要点就是先分解再合成,具体读图步骤可分为:

(1)分线框、识视图。分线框就是从一个投影重叠较少、结构关系明显的视图入手,结合其他视图,按线框把视图分解为若干部分。识视图即弄清各视图的观看方向,各视图与空间物体之间的方位关系,从而建立起图物关系,这是整个看图过程中所不能忽视的问题。

(2)对投影、想形状。根据投影规律,逐一找出每个线框在其他视图中的对应投影,然后根据基本体三视图的图形特征,逐一想象出空间形状。

(3)综合起来想整体。判断出各部分的形状之后,再对照视图,按它们的位置关系拼接在一起,综合想象出整体形状。

(4)总之,形体分析法读图就是逐个分部分读懂后再综合起来想整体。

(二)线面分析法读图

线面分析法读图是以线、面为读图单元,一般不独立应用。当物体上的某部分形状与基本体相差较大,用形体分析法难以判断其空间形状时,这部分的视图可以采用线面分析法读图。将这部分视图分解为若干线框,根据投影规律逐一找到对应的其他投影,再按平面的投影特征判断其形状和空间位置,从而综合得出该部分的空间形状。

总之,线面分析法读图就是逐个面地进行分析,读懂其表面形状和相对位置,然后组合在一起。

第三节　水工图的识图知识

表达水利水电工程建筑物的图样称为水利工程图,简称水工图。水工图的内容包括视图、尺寸、图例符号和技术说明等，它是反映设计思想、指导施工的重要技术资料。

一、一般规定

建筑物或构件的图样，采用多面正投影法绘制，其投影方向、视图布置如图 1-7 所示。在同一幅图中，绘制各视图时，应尽量按照投影关系进行布置。

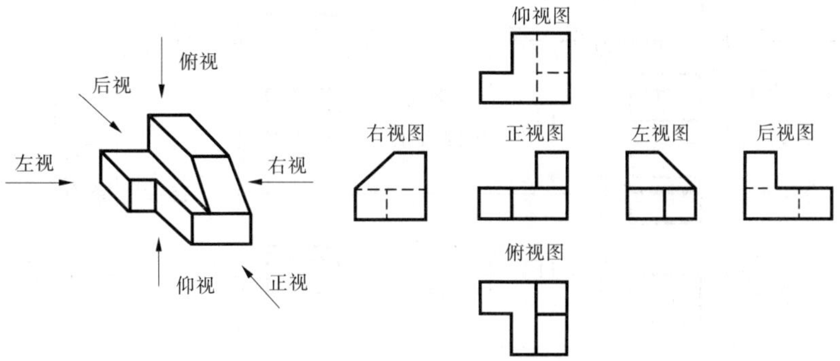

图 1-7 直接正投影法

工程图样常用符号如图 1-8～图 1-10 所示，*B* 值可取 16～20 mm。常用的剖面材料图例如表 1-1 所示，常用的水工建筑物平面图例如表 1-2 所示。

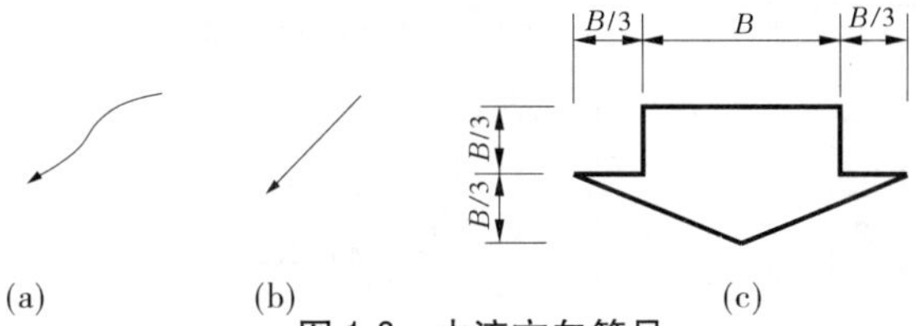

图 1-8 水流方向符号

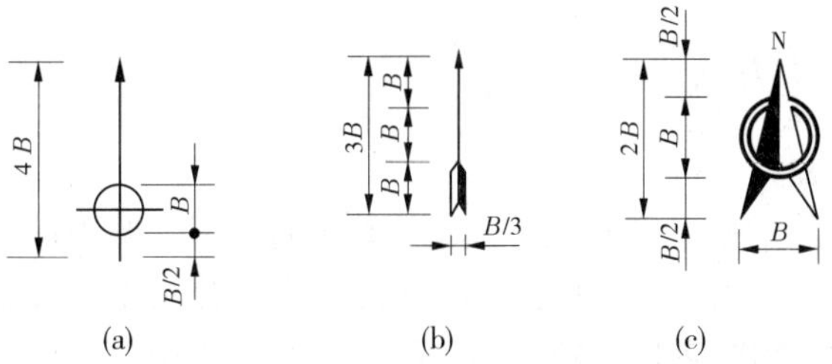

图 1-9 指北针符号

图 1-10 对称符号 （单位：mm）

表 1-1 剖面材料图例

序号	名称	图例	序号	名称	图例	序号	名称	图例
1	岩石	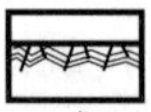 或 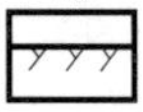	8	金属	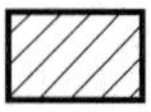	14	玻璃 透明材料	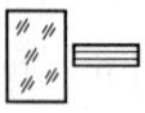
			9	混凝土	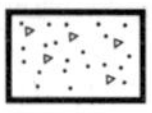			
2	天然土壤	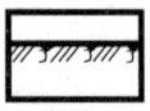	10	钢筋 混凝土	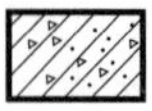	15	条石 干砌	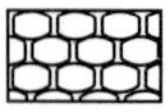
3	夯实土							
4	回填土	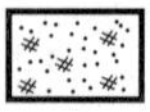	11	二期 混凝土	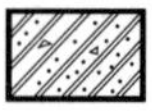		条石 浆砌	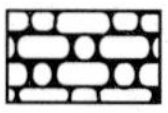
5	黏土		12	砂、灰土、 水泥砂浆	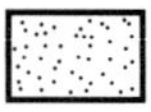	16	木材 纵剖面	
6	水、液体	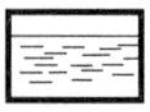	13	块石 干砌	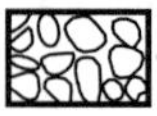		木材 横剖面	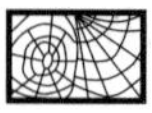
7	砖	 		块石 浆砌		17	塑料、橡皮 沥青、填料	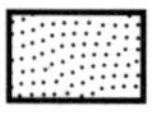
						18	灌浆帷幕	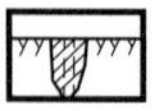

二、水工图的表达方法

(一)一般表达方法

水工图中常用的是三视图,即正视图、俯视图和侧视图。俯视图一般称为平面图,正视图和侧视图一般称为立面图。由于水工建筑物许多部分被土层覆盖,而且内部结构也较复杂,因此剖视图、断面图应用较多。

为了看图方便,每个视图都应该标注图名,图名统一标注在图形的下方或上方。视图应尽可能按投影关系配置。在布置图形时,习惯上使水流方向由左向右或由后向前。若视图对称,为了减少幅面,节省绘图工作量,允许只画一半,对称面画点画线,并在点画线两端标上对称符号(=);也可将两个对称的视图各画一半合并在一起,对称面画点画线,并分别标注相应的图名。

人站在上游,面向建筑物做投射,所得的视图叫作上游立面图;站在下游,面向建筑物做投射,所得的视图叫作下游立面图。面向下游站立时,人的左手侧称为左岸,右手侧称为右岸。一般沿建筑物纵轴线方向称为纵向,垂直于纵轴线方向称为横向。

表 1-2　常用的水工建筑物平面图例

名称		图例
水库	大型	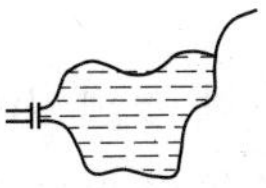
	小型	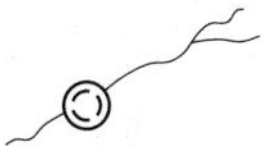
混凝土坝		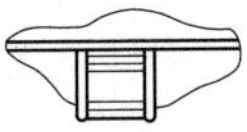
堤		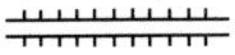
防浪堤	直墙式	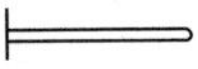
	斜墙式	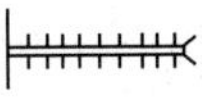
水电站	大比例尺	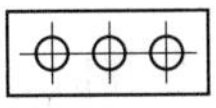
	小比例尺	
虹吸		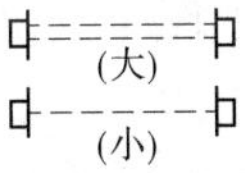
跌水		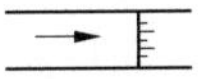
斗门		
沟	明沟	
	暗沟	
灌区		
鱼道		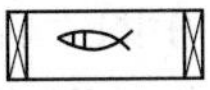

名称		图例
变电站		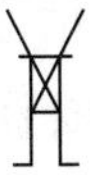
泵站		
船闸		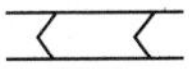
土石坝		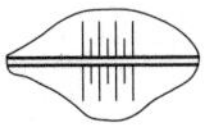
水闸		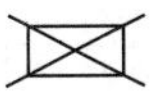
溢洪道		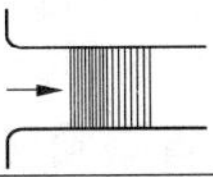
渡槽		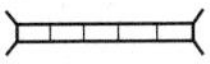
隧洞	大型	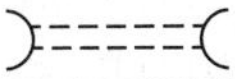
	小型	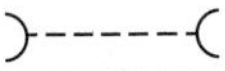
涵洞管	大型	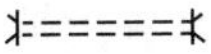
	小型	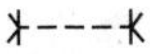
平板闸门		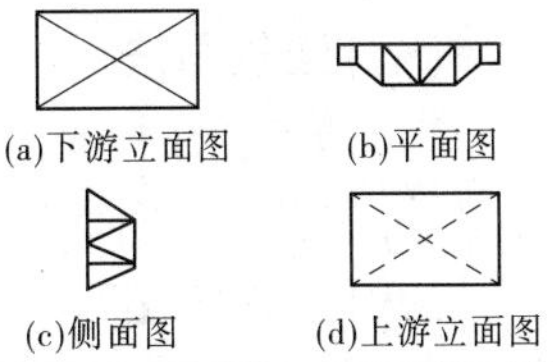
弧形闸门		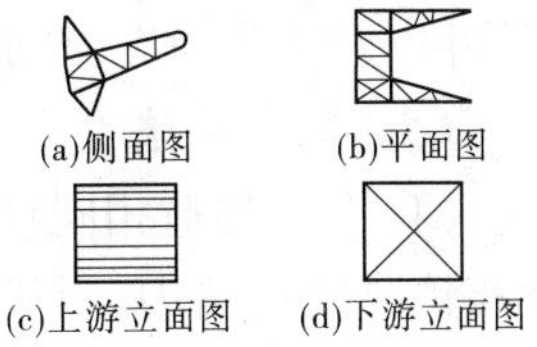
桥式吊车		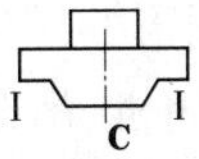 用在厂房断面图中

（二）局部放大图

当物体的局部结构由于图形的比例较小而表示不清楚或不便于注写尺寸时，可将这些局部结构根据需要，画成视图、剖视图或断面图。

详图的标注方法为：在被放大的部位，用细实线圆弧圈出，用引出线指明详图的编号（如“详图 A”、“ 详图××”等），所另绘的详图用相同的编号标注其图名，并注写放大后的比例，如图 1-11、图 1-12 所示。

(a)详图与原图在同一张图纸内　(b)详图与原图不在同一张图纸内

图 1-11　详图标注方法

（三）展开画法

当构件或建筑物的轴线（或中心线）为曲线时，可以将曲线展开成直线后，绘制成视图、剖视图、断面图，并在图名后标注“展开”两字，或写成“展开图”，如图 1-13 所示。

（四）省略画法

当图形对称时，可以只画对称轴线一侧的半个视图、剖视图或断面图，如图 1-14 所示。

（五）分层画法

当结构有层次时，可按其构造层次分层，在同一图中分区绘制，相邻分区用波浪线分界，如图 1-15 所示。

（六）拆去上覆结构画法

被土层覆盖的结构，在平面图中是不可见的。为了清楚地表达这部分结构，可假想将覆盖的土层掀开，然后画图，这种画法称为掀土画法，如图 1-16 所示。

（七）连接画法

当图形较长时，允许将其分成两部分绘制，再用连接符号表示相连，并用大写拉丁字母编号，这种画法称为连接画法。图 1-17 所示的土坝立面图即采用了连接画法。

（八）合成视图

对称或基本对称的图形，可将两个相反方向的视图或剖视图、剖面图各画对称的一半，并以对称线为界，合成一个图形，称为合成视图，如图 1-18 所示。

（九）简化画法

（1）对于构造相同且均布的孔洞，如图 1-19 所示的消力池底板上的排水孔，在反映其分布情况的视图中，可按其外形画出少数孔洞，其余的用符号“+”表示出它们的中心位置。

（2）当图形的比例较小致使某些细部构造无法在图中表示清楚，或者某些附属设备（如闸门、启闭机、吊车等）另有专门的图纸表示，不需在图上详细画出时，可以在图中相应部位画出示意图。这种画法虽然不能表示结构的详细情况，但能表示出它的位置、类型和作用。

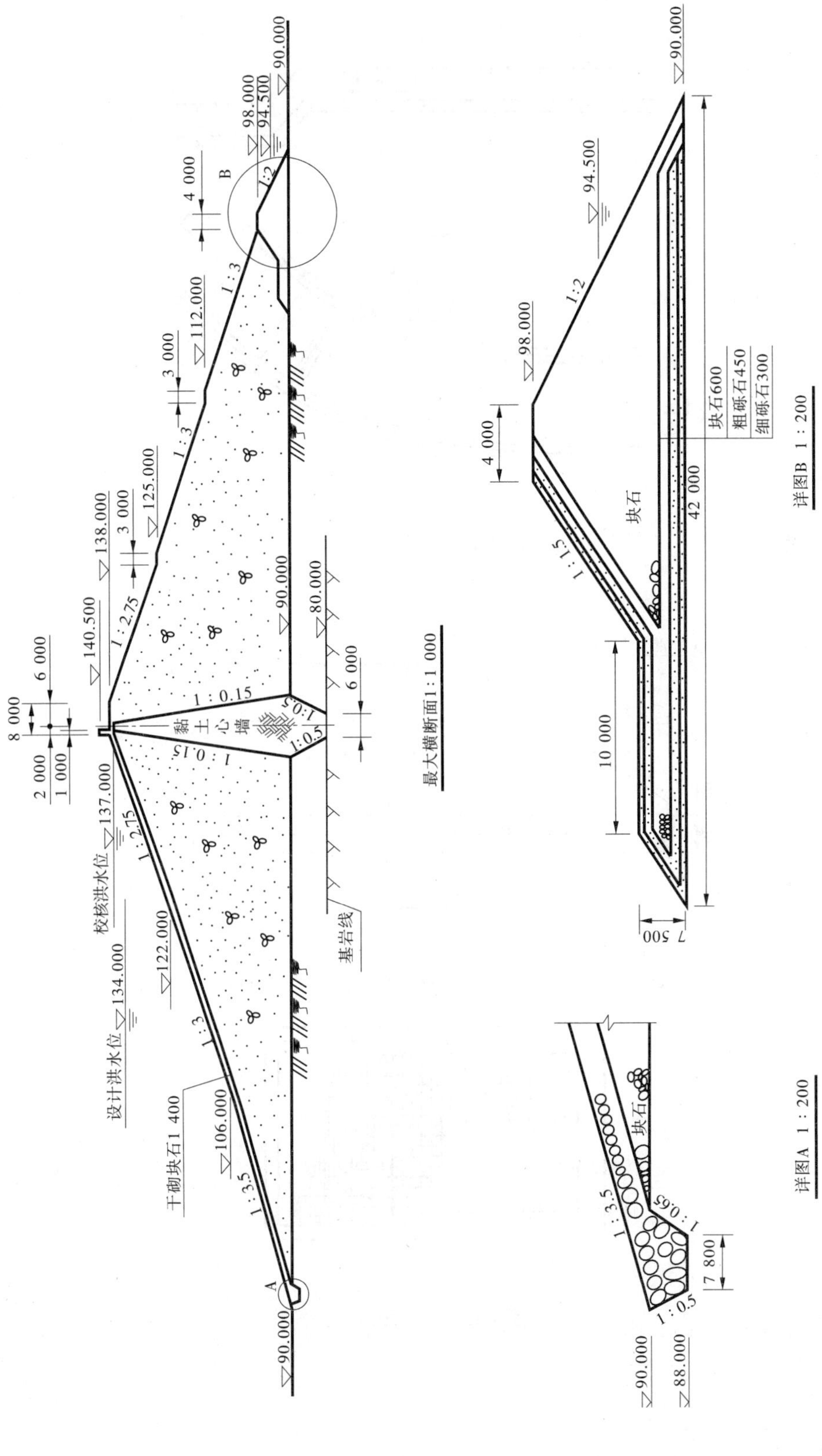
最大横断面1:1 000
详图B 1:200
详图A 1:200
黏土心墙
基岩线
干砌块石1 400
设计洪水位
校核洪水位
块石
块石600
粗砾石450
细砾石300

图 1-12　详图举例

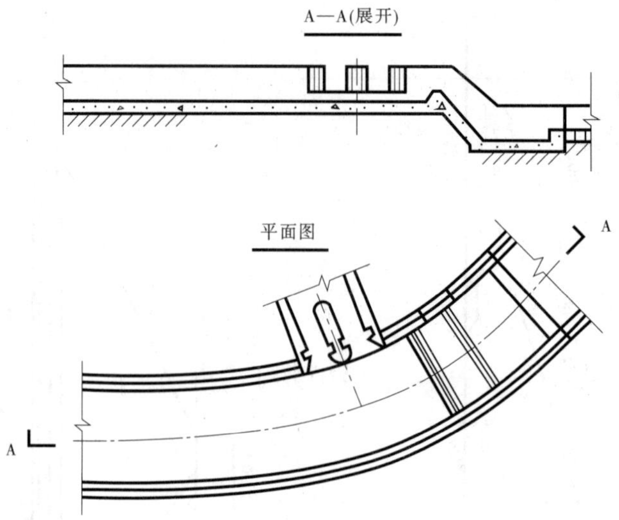

图 1-13　展开画法

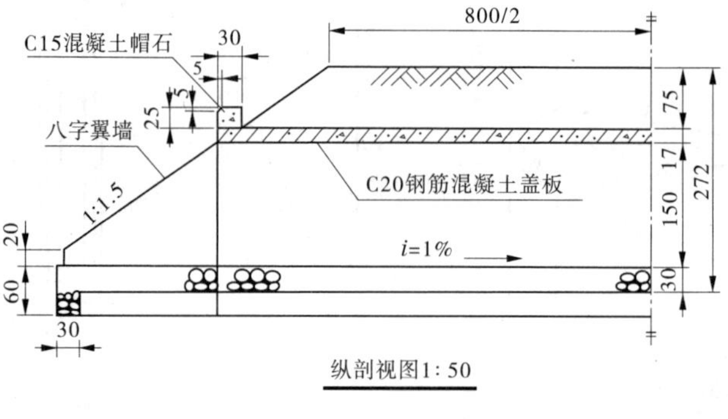

图 1-14　涵洞纵剖视图(省略画法)　(单位:cm)

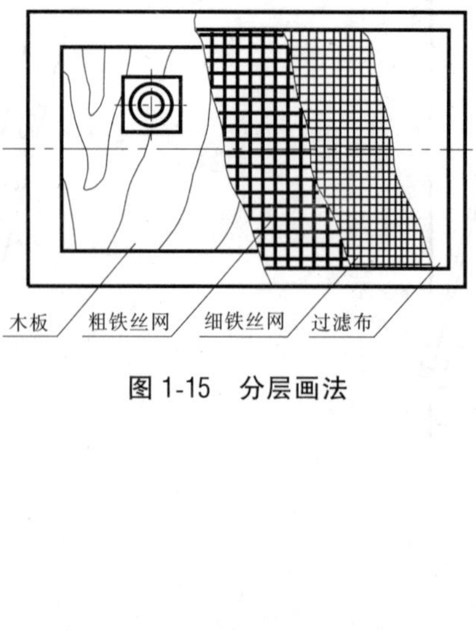

图 1-15　分层画法

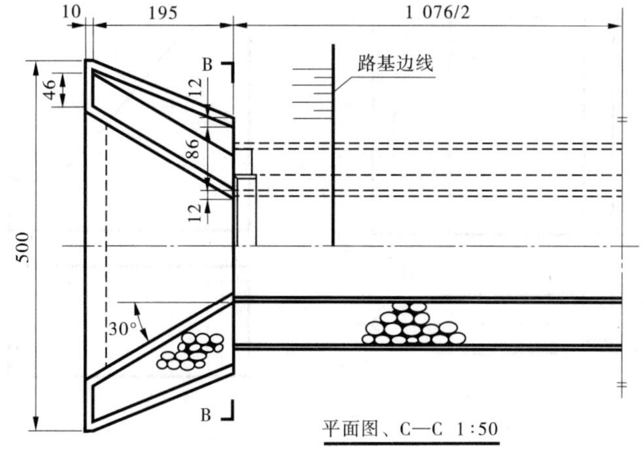

图 1-16　拆去上覆结构的掀土画法　（单位：cm）

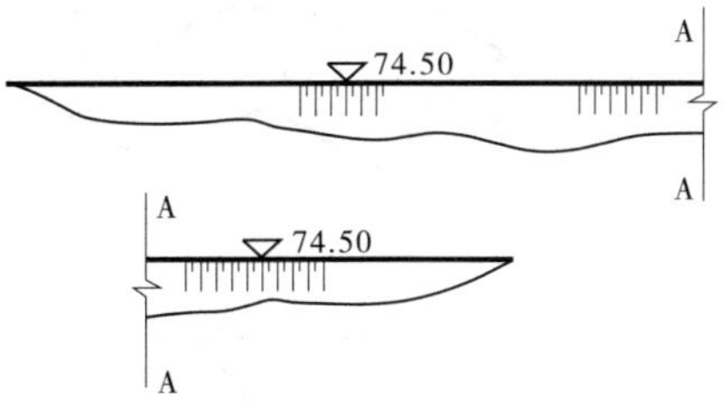

图 1-17　连接画法

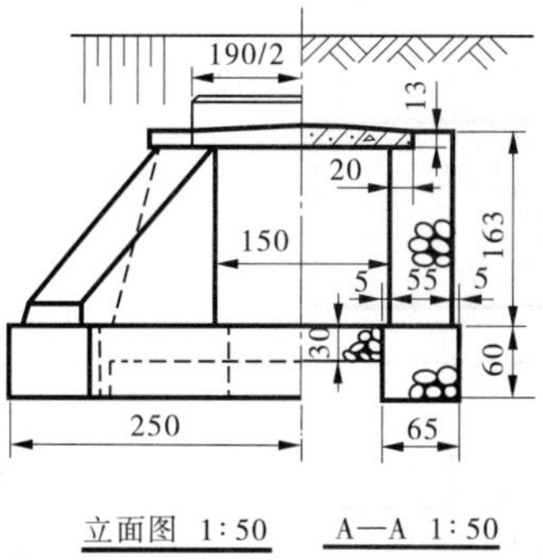

图 1-18　合成视图　（单位：cm）

（3）建筑物中有各种缝线，如沉陷缝、伸缩缝、施工缝和材料分界线等。虽然缝线两边的表面在同一平面内但画图时一般仍按轮廓线处理，用一条粗实线表示。

三、曲面画法

（一）柱面画法

在水工图中，对于柱面，在反映其轴线实长的视图中画出若干条间隔不等的直素线（细实线），靠近轮廓线处密，远离轮廓线处稀，如图 1-20 所示。

（二）锥面

对于锥面，有两种类型：①在其反映轴线实长的视图中画若干条有疏密之分的直素线，在反映锥底圆弧实形的视图中则画若干条均匀的直素线，如图 1-21（a）所示；②在锥面的各视图中均画出若干条示坡线，如图 1-21（b）、（c）所示，注意锥面示坡线应绘制在锥面高的一侧。

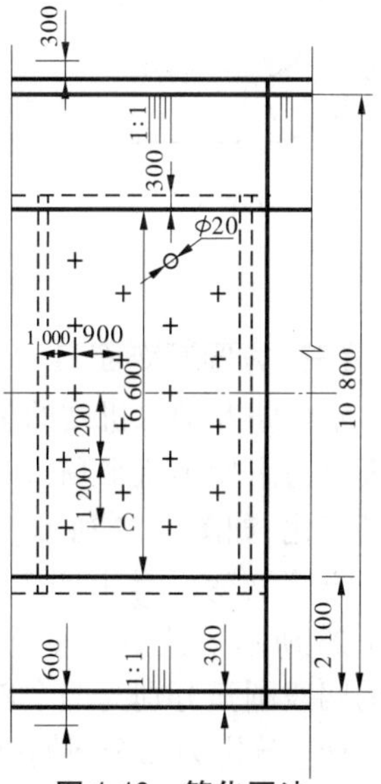

图 1-19　简化画法

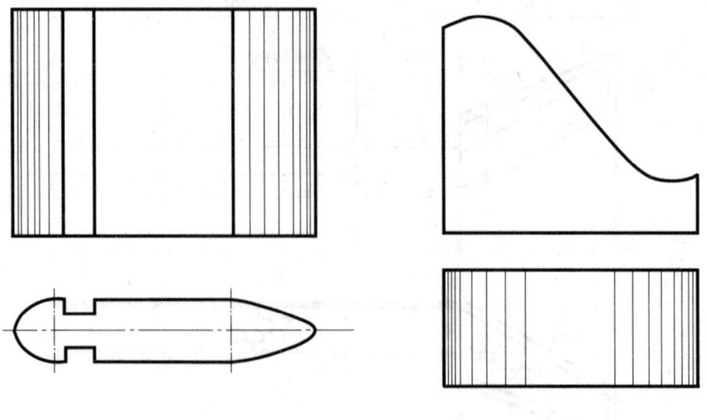

(a)　　(b)

图 1-20　柱面

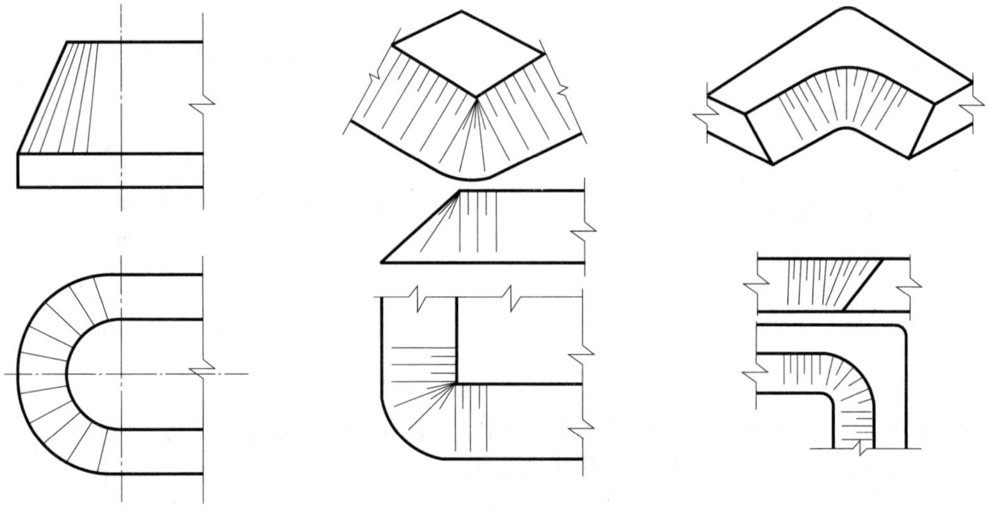

(a)　　(b)　　(c)

图 1-21　锥面

(三)方圆渐变面

水电站及抽水机站的引水管道或隧洞通常是圆形断面,而安装闸门处需要做成矩形断面。为了使水流平顺,在矩形断面与圆形断面之间,通常采用方圆渐变段过渡,使断面逐渐变化,如图 1-22 所示。

方圆渐变面是由四个三角形平面和四个 1/4 斜椭圆锥面相切而形成的组合面,如图 1-23 所示。其中,方(矩)形的四个顶点 S_1、S_2、S_3、S_4 分别为四个斜椭圆锥的顶点,圆周的四段圆弧分别为四个斜椭圆锥的底圆,圆心 O 与锥顶 S_1、S_2、S_3、S_4 的连线 OS_1、OS_2、OS_3、OS_4 分别为四个斜椭圆锥的圆心连线。

(四)扭面

扭面也是一种渐变面,是一直母线沿两交叉直导线移动,且始终平行于一个导面所形

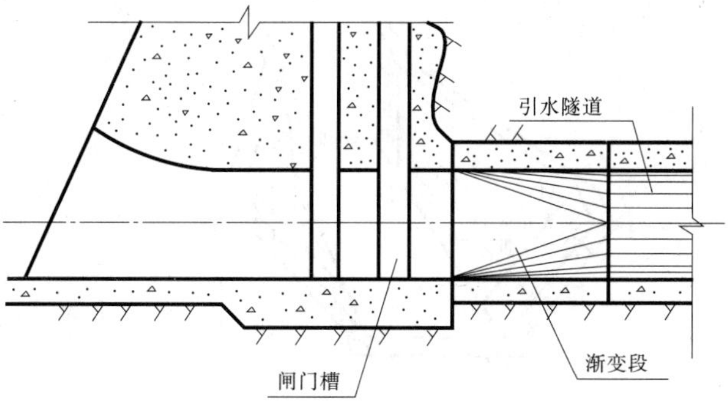

图 1-22　方圆渐变段

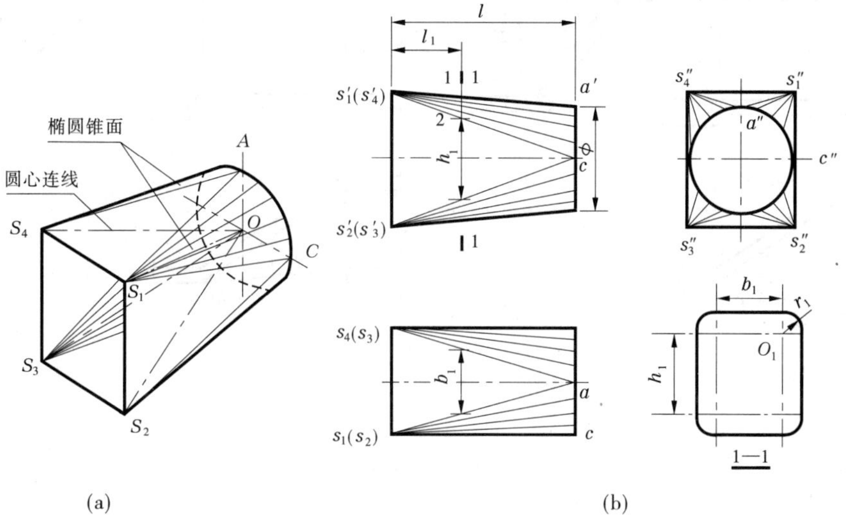

图 1-23　方圆渐变面

成的曲面。扭面经常用于水闸、船闸或渡槽与渠道的连接处。渠道的断面为梯形,水工建筑物的过水断面为矩形,两者之间常以一光滑曲面过渡,这个曲面就是扭面,扭面所在部分结构(如进出口段)称为扭面过渡段。画图时,不仅要画出其导线、曲面边界线及外形轮廓线的投影,一般还要用细实线画出若干素线的投影,如图 1-24 所示。

四、水工图的识读

基于水工图内容广泛,大到水利枢纽的平面布置,小到结构细部的构造都需表达;视图数量多且视图之间常不能按投影关系放置;图样所采用的比例多样且变化幅度大(如从1∶500 到 1∶5)、专业性强且涉及《水利水电工程制图标准》(SL 73)或《港口与航道工程制图标准》(JTS/T 142-1—2019)的内容多等方面特点,阅读水工图一般宜采用以下方法步骤。

(一)概括了解

看有关专业介绍、设计说明书。按图纸目录,依次或有选择地对图纸进行粗略阅读。分析水工建筑物总体和分部采用了哪些表达方法;找出有关视图和剖视图之间的投影关

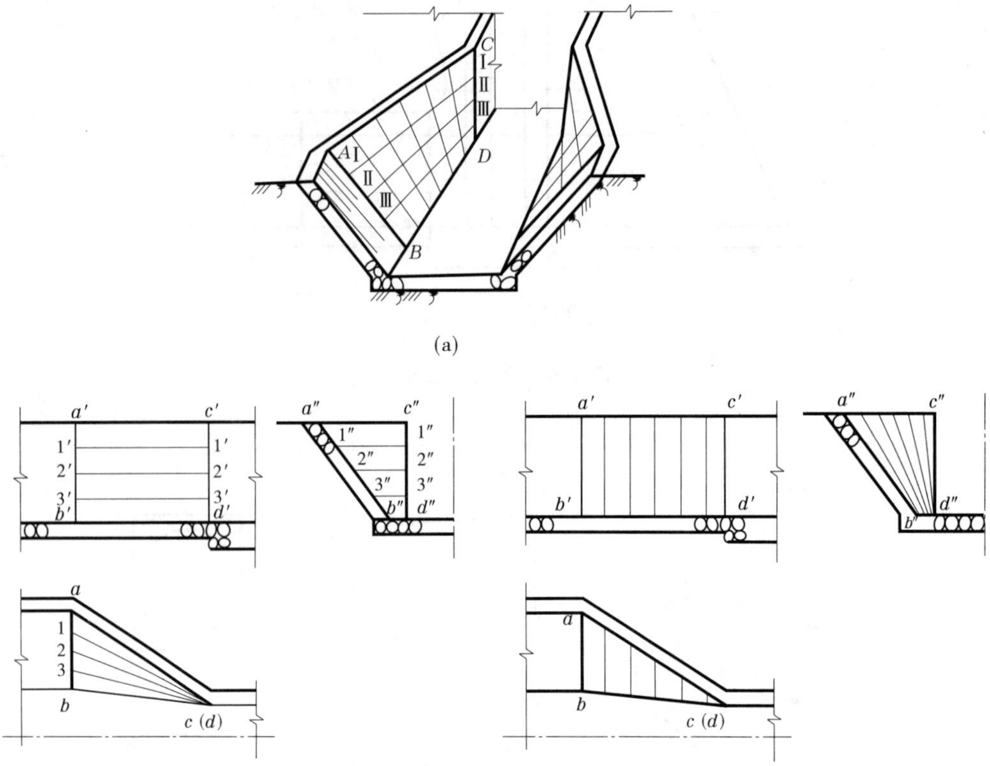

(a)

(b)

(c)

图 1-24 扭面

系;明确各视图所表达的内容。

(二)深入阅读

概括了解之后,还需要进一步仔细阅读,其顺序一般是由总体到分部、由主要结构到其他结构、由大轮廓到小局部,逐步深入。读水工图时,除要运用形体分析法和线面分析法外,还需知道建筑物的功能和结构常识,运用对照的方法,例如平面图、剖视图、立面图对照着读,整体和细部对照着读,图形、尺寸、文字对照着读等。

(三)归纳总结

最后通过归纳总结,对建筑物(或建筑群)的大小、形状、位置、功能、结构特点、材料等有一个完整和清晰的了解。

五、其他

(一)标高

1. 标高

标高由标高符号及标高数字两部分组成,在立面图和铅垂方向的剖视图、剖面图中,标高符号一般采用等腰直角三角形,用细实线绘制,高度约为数字高度的 2/3,如图 1-25(a)

所示。标高数字一律注写在标高符号的右边。在平面图中，标高符号是用细实线绘制的矩形线框，标高数字注写在其中，如图1-25（b）所示。当图形较小时，可将符号引出绘制，如图1-25（f）、（g）所示。

2. 水面标高（水位）的注法

水面标高的注法与立面图中注标高相类似，区别在于需在水面线下画三条渐短的细实线，如图1-25（e）中的标高尺寸“27.850”。特征水位应在标注水位的基础上加注特征水位名称，如图1-25（d）中的“正常蓄水位”。

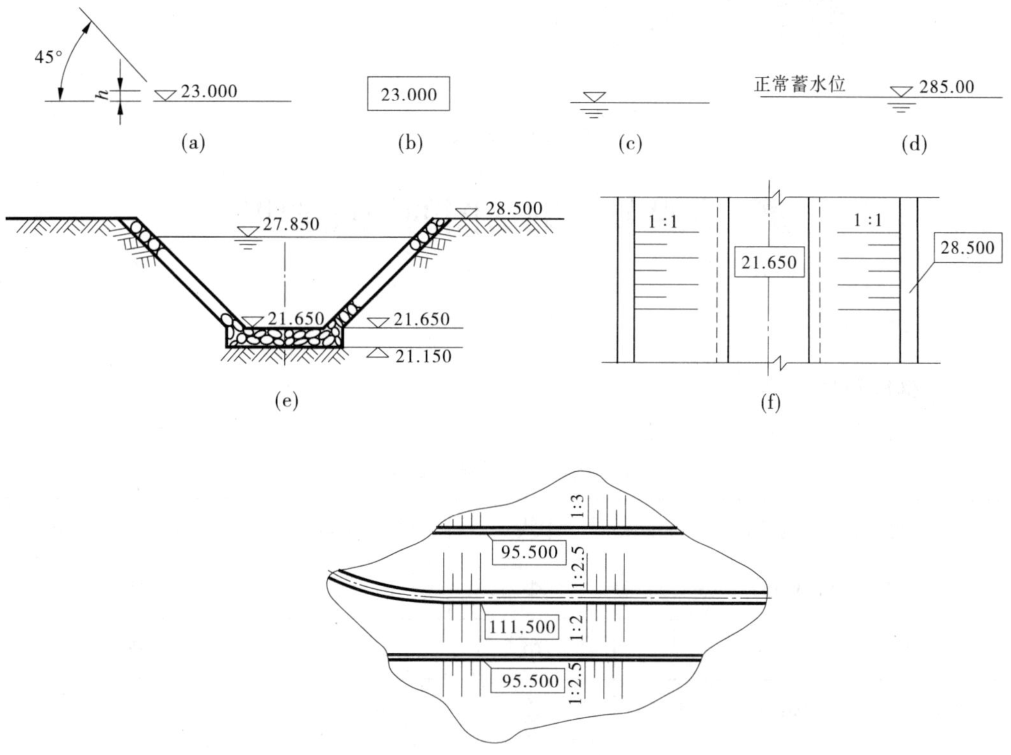

图1-25　标高

（二）桩号的注法

对于坝、隧洞、渠道等较长的水工建筑物，沿轴线的长度尺寸一般采用“桩号”的注法，标注形式为km+m，km为公里数，m为米数，如图1-26所示。起点桩号注成0+000，起点桩号之后，km、m为正值；起点桩号之前，km、m为负值。桩号数字一般垂直于轴线方向注写，且标注在同一侧。

当同一图中几种建筑物采用“桩号”标注时，可在桩号数字之前加注文字以示区别，如坝0+021.00、洞0+018.30等。

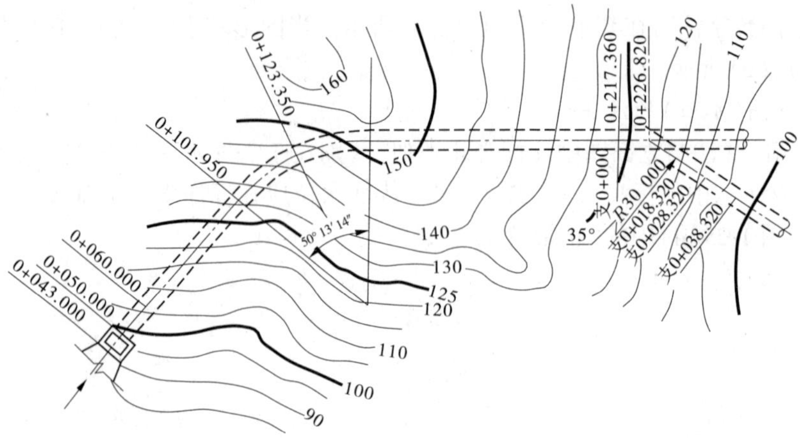

图 1-26　桩号

第四节　钢筋图的识图知识

一、基本知识

(一)钢筋符号

各级钢筋均有规定的符号,见表 1-3。

表 1-3　钢筋代号及强度标准值

种类(热轧钢筋)	代号	直径 d(mm)	张度标准值 f_{sk}(N/mm^2)
HPB235(Q235)	Φ	8~20	235
HRB335(20MnSi)	Φ̲	6~50	335
HRB400(20MnSiV、20MnSiNb、20MnTi)	Φ̳	6~50	400
RRB400(K20MnSi)	Φ̳^{R}	8~40	400

(二)钢筋的作用和分类

钢筋按其在构件中的作用不同,可分为五类,如图 1-27 所示。

(1)受力筋。主要承受拉、压应力的钢筋,用于钢筋混凝土梁、板、柱中。

(2)箍筋。固定受力钢筋的位置,并承受部分斜向应力,用于梁、柱构件中。

(3)架立钢筋。用于固定梁内箍筋的位置,至少与两根受力钢筋、箍筋构成钢筋骨架。

(4)分布钢筋。用于板内,与板内受力钢筋垂直分布,将承受的外力均匀地传给受力筋。

(5)构造钢筋。因构造要求或施工安装需要而配置的钢筋。

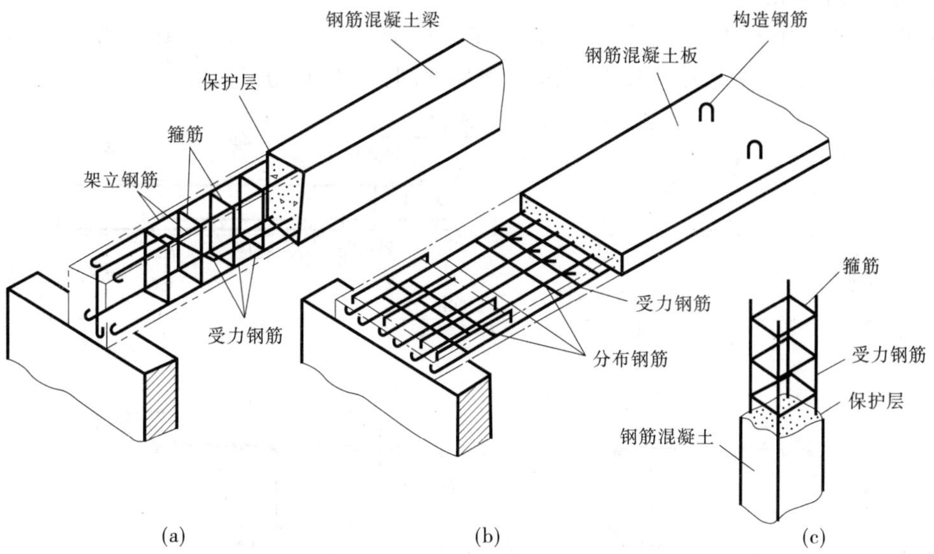

图 1-27　钢筋分类

(三)钢筋端部的弯钩

为了加强钢筋和混凝土的黏结力,钢筋外形为光圆时,需将其两端加工成弯钩。带纹钢筋两端可不做弯钩。弯钩的常见形式和画法如图 1-28 所示。

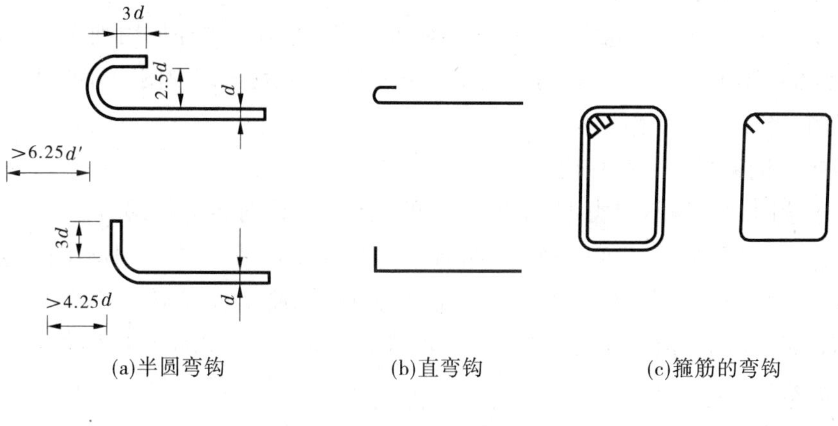

图 1-28　弯钩的形式和画法

(四)钢筋的保护层

为保护钢筋以防锈、防火、防腐蚀,钢筋不应该外露,即钢筋外表面与构件表面之间应有一定厚度的混凝土,即为钢筋的保护层。

二、钢筋图的图示法

钢筋图主要用于表达构件中钢筋的位置、规格、形状和数量,即表达的重点为钢筋,由此形成钢筋图的图示特点。

(一)钢筋图的表达

钢筋图通常由构件立面图、平面图和断面图等组成。钢筋图一般采用全剖(见图 1-29),必要时也可采用半剖、阶梯剖或局部剖(见图 1-30)等画法。

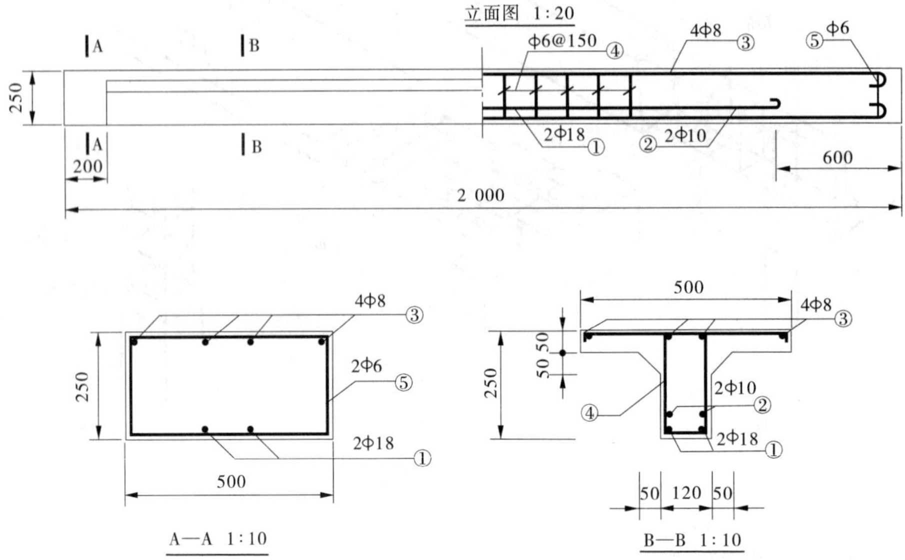

图 1-29 T 形梁钢筋图

(二)钢筋图的图示特点

为了在钢筋图中突出钢筋,钢筋图具有如下特点:①构件的外形用细实线表示,钢筋用粗实线绘制;②在剖面图中,钢筋的截面用小黑圆点表示;③剖视图、断面图中不画混凝土材料图例,将其假想为透明体。

(三)钢筋的编号和尺寸标注

为便于读图时区分不同类型、不同尺寸的钢筋,应对钢筋进行编号。每类钢筋(形状、规格及长度均相同者)只编一个号,编号字体为阿拉伯数字,编号小圆圈和引出线均为细实线,如图 1-31 所示。图 1-31 中,小圆圈内填写钢筋编号数字,“*n*”为钢筋的根数,“ϕ”为钢筋的直径和等级代号,“*d*”为钢筋的直径数值,“@ ”为钢筋间距的代号,“*s*”为钢筋间距的数值。

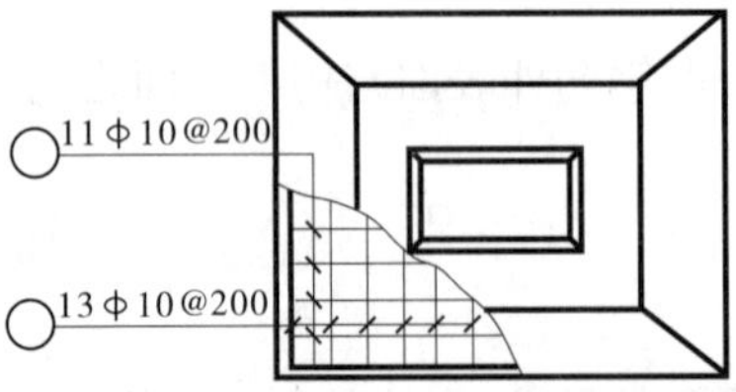

图 1-30 钢筋图(局剖图)

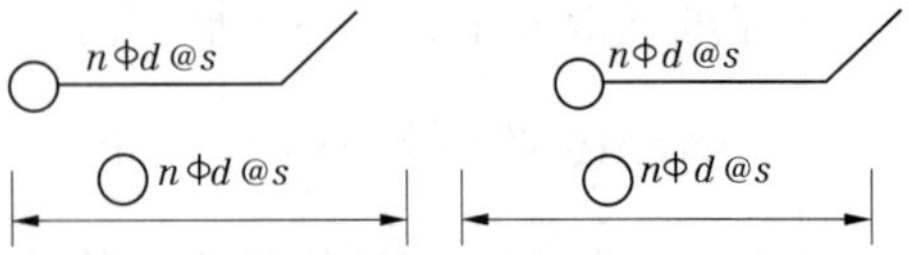

图 1-31 钢筋的标注

钢筋编号的顺序应有规律,一般为自下而上,自左至右,先受力钢筋后架立钢筋。

单根钢筋的标注形式如图 1-32 所示。

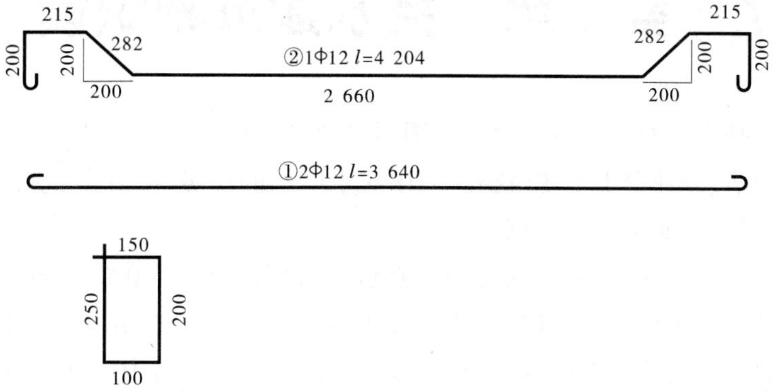

图 1-32　单根钢筋的标注

(四)钢筋表

为便于统计钢筋用量,编制施工预算,每套钢筋图应附有钢筋表,说明钢筋的编号、形式、直径、根数、长度等,见表 1-4。

表 1-4　钢筋表

编号	形式	直径(mm)	根长(m)	根数	总长度(m)	单位质量(kg/m)	总质量(kg)
①	9 940	20	9.94	4	39.8	2.468	98.23
②	400 905 905 400 300 300 7 860	20	11.07	4	44.3	2.468	109.28
③	190 640	8	1.76	100	176.0	0.395	69.50
④	1 940 90	12	4.16	100	416.0	0.888	369.41
⑤	9 940	12	9.94	20	198.8	0.888	176.50

三、钢筋的识读

(1)了解构件名称、外形和作用的视图。

(2)弄清构件中各编号钢筋的位置、规格、形状、数量等,这是识读的重点。

(3)与钢筋表对照。

第二章　挡水建筑物识读

挡水建筑物是为拦截水流、抬高水位、调蓄水量，或为阻挡河水泛滥、海水入侵而兴建的各种闸、坝、堤防、海塘等水工建筑物。河床式水电站的厂房、河道中船闸的闸首、闸墙和临时性的围堰等，也属于挡水建筑物。

挡水建筑物的历史悠久。据记载，埃及修建土石坝已有近 5 000 年的历史。中国的黄河大堤已延续使用了几千年。19 世纪以来，挡水建筑物在规模和数量上发展迅速，已建的挡水建筑物最大高达 335 m（罗贡坝），最大土石方量达 1.21 亿 m^3（塔贝拉坝），最大混凝土浇筑量达 1 100 万 m^3（伊泰普水电站）。我国的长江三峡水利枢纽，坝高 181 m，混凝土浇筑量达 2 800 万 m^3，2000 年混凝土最大浇筑强度为 55.35 万 m^3/月，均为世界最高水平。

第一节　重力坝概述

重力坝是由混凝土或浆砌石修筑的大体积挡水建筑物，在水压力及其他外荷载作用下，主要依靠坝体自重维持稳定。

重力坝的基本剖面是直角三角形。为了减小温度应力，适应地基变形和便于施工，常将重力坝垂直于坝轴线分割为若干坝段。相邻坝段的接触面称为横缝。

据统计，在各国修建的大坝中，重力坝在各种坝型中往往占有较大的比重。在中国的坝工建设中，混凝土重力坝也占有较大的比重，在 20 座高 100 m 以上的高坝中，混凝土重力坝就有 10 座。

一、重力坝的优缺点

（一）重力坝的优点

重力坝之所以得到广泛应用，是由于它有以下优点：

（1）相对安全可靠，耐久性好，抵抗渗漏、洪水漫溢、地震和战争破坏能力都比较强。

（2）设计、施工技术简单，易于机械化施工。

（3）对不同的地形和地质条件适应性强，任何形状的河谷都能修建重力坝，对地基条件要求相对来说不太高。

（4）在坝体中可布置引水、泄水孔口，解决发电、泄洪和施工导流等问题。

(二)重力坝的缺点

(1)坝体应力较低,材料强度不能充分发挥。

(2)坝体体积大,耗用水泥多。

(3)施工期混凝土温度应力和收缩应力大,对温度控制要求高。

二、重力坝的分类

(一)按结构分类

重力坝按结构可分为实体重力坝(见图 2-1)、宽缝重力坝、空腹重力坝。

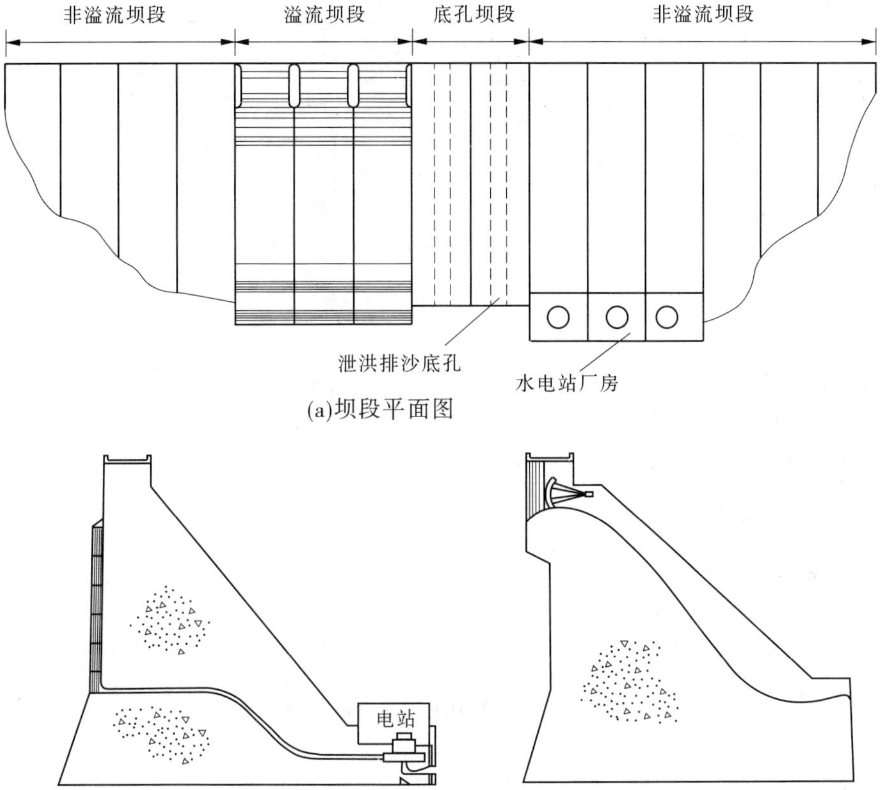

(a)坝段平面图

(b)非溢流坝段(厂房坝段)剖面图

(c)溢流坝段剖面图

图 2-1 实体重力坝

宽缝重力坝:是将实体重力坝的各横缝的中间部分扩宽成为空腔,如图 2-2(b)、(c)所示。

空腹重力坝:沿坝轴线设有大型纵向空腔,如图 2-2(a)所示。

(二)按泄水条件分类

重力坝按泄水条件分为非溢流坝和溢流坝两种剖面,如图 2-1(b)、(c)所示。

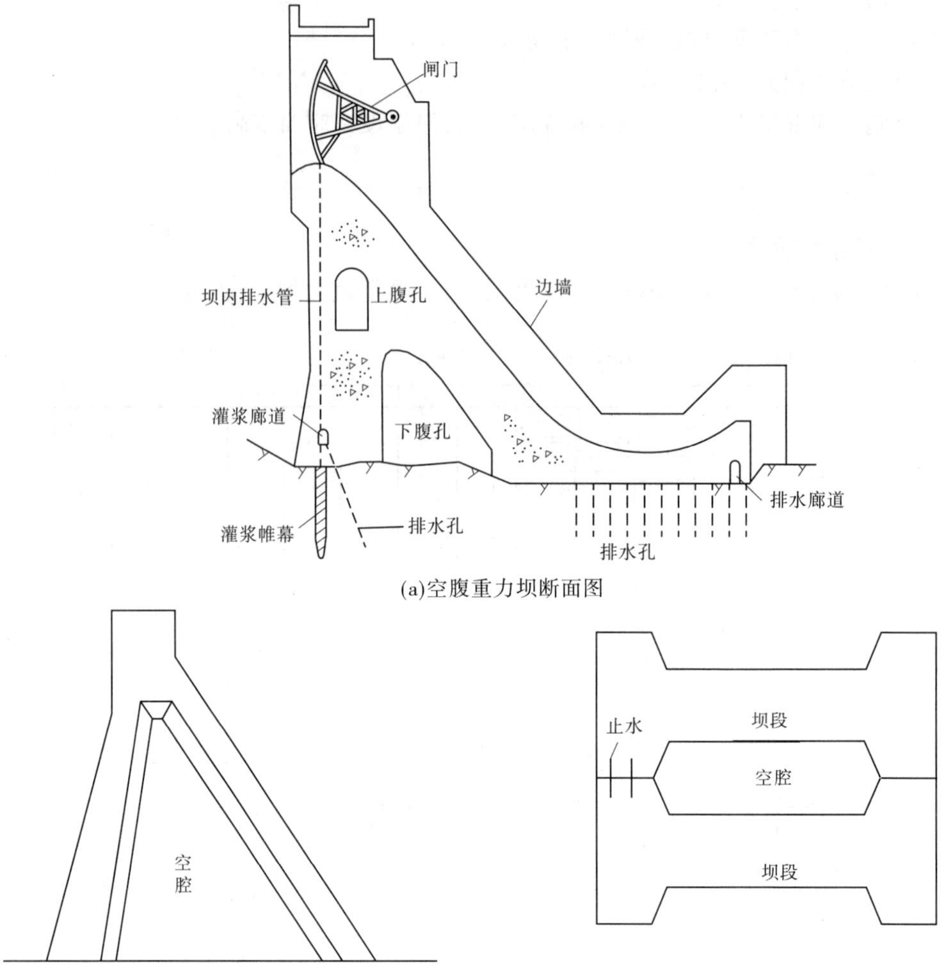

(a)空腹重力坝断面图

(b)宽缝重力坝横剖面图

(c)宽缝重力坝水平断面图

图 2-2　空腹重力坝和宽缝重力坝

第二节　重力坝识读

【例 2-1】　图 2-3~图 2-11 是瓮安县杜仲河枢纽的挡水建筑物识读(比较方案)。

(一)工程概况

杜仲河水库位于贵州省瓮安县城北部瓮安河支流岩坑河上,工程任务是县城供水及灌溉。总库容 0.138 亿 m^3,兴利库容 0.065 8 亿 m^3,县城供水规模为 1 538.9 万 m^3/s,灌溉面积为 1 044.8 hm^2。本工程主要建筑物由挡水建筑物、泄水建筑物、县城供水取水建筑物、灌区输水建筑物等组成。

杜仲河水库枢纽坝址选择在杜仲河大桥上游 300~600 m 河段,考虑了上下两个坝址,下坝址距下游的杜仲河大桥 340 m 左右,距上坝址 80 m 左右。河床在下坝址处减缩变窄,左右两岸地形对称,且两岸地形均较陡,在该处建坝坝轴线相对较短。从工程地质条件、水能指标、水库淹没及工程占地、枢纽布置、工程施工、工程投资等方面综合比较后认为,下坝址略优于上坝址。本比较方案坝型选择重力坝。

(二)工程地质

杜仲河水库拟建于岩坑河河段上,河段多为深切的狭窄 U 形河谷。地貌类似以岩溶地貌为主,库区出露寒武系中下统地层,库区内地质构造发育,除区域性杜仲河断层和区域性白岩背斜外发育有 F10、F1、F12 及 F1 等断层,受区域地质构造的影响,库区节理、裂隙较发育。

(三)重力坝识读

坝体为混凝土重力坝,包括左右岸非溢流坝段和河床溢流坝段。大坝坝顶高程 930.70 m,河床坝基最低高程 881.00 m,最大坝高 49.75 m,坝顶轴线长 106 m,坝顶路面宽度为 4 m。

大坝左岸非溢流坝段沿坝轴线长 41.015 m,右岸非溢流坝段沿坝轴线长 40.985 m。非溢流坝段的坝体断面呈三角形,上游面高程 899 m 以上垂直,以下坡比为 1∶0.3;下游面高程 924.91 m 以上垂直,以下坡比为 1∶0.8。坝顶两岸接上坝公路。

河床溢流坝段沿坝轴线长 24 m,布置 3 个有闸控制的溢流表孔,每孔净宽 6 m,WES 实用溢流堰曲面方程为:$y=0.097x^{1.85}$,堰顶高程为 921.30 m,各设 1 扇工作闸门,正常蓄水位高程为 924.80 m。陡槽溢流面坡比为 1∶0.8,采用挑流式消能。此外,坝顶上游侧布置溢流坝启闭机室,下游侧布置 1 座交通桥,桥面高程为 930.70 m。

大坝左岸桩号坝 0+068.495 处设有冲沙底孔,孔底进口高程 902.00 m,设计淤沙高程 904.65 m,冲沙底孔矩形断面尺寸为 3 m×2.5 m,后接管径为 2.5 m 的坝身埋管,坝后设 *DN*250 mm 的闸阀。冲沙底孔事故闸门启闭机室设在高程 937.40 m 处,工作闸门启闭机室设在下游坝面高程 908.50 m 处。

为满足大坝交通,坝基防渗与排水、坝体排水、安全监测等要求,在大坝左右岸各设有一条 3 m×3.5 m 的灌浆平洞;在大坝下游坝面左右岸均设有坝后交通,与下游坝面高程 909 m 处的廊道相连接。在坝体下部上游侧高程为 887.10 m 处设有灌浆及排水廊道,廊道均采用城门洞形,尺寸为 2.5 m×3.0 m(宽×高),周边采用 50 cm 厚 C20 混凝土。

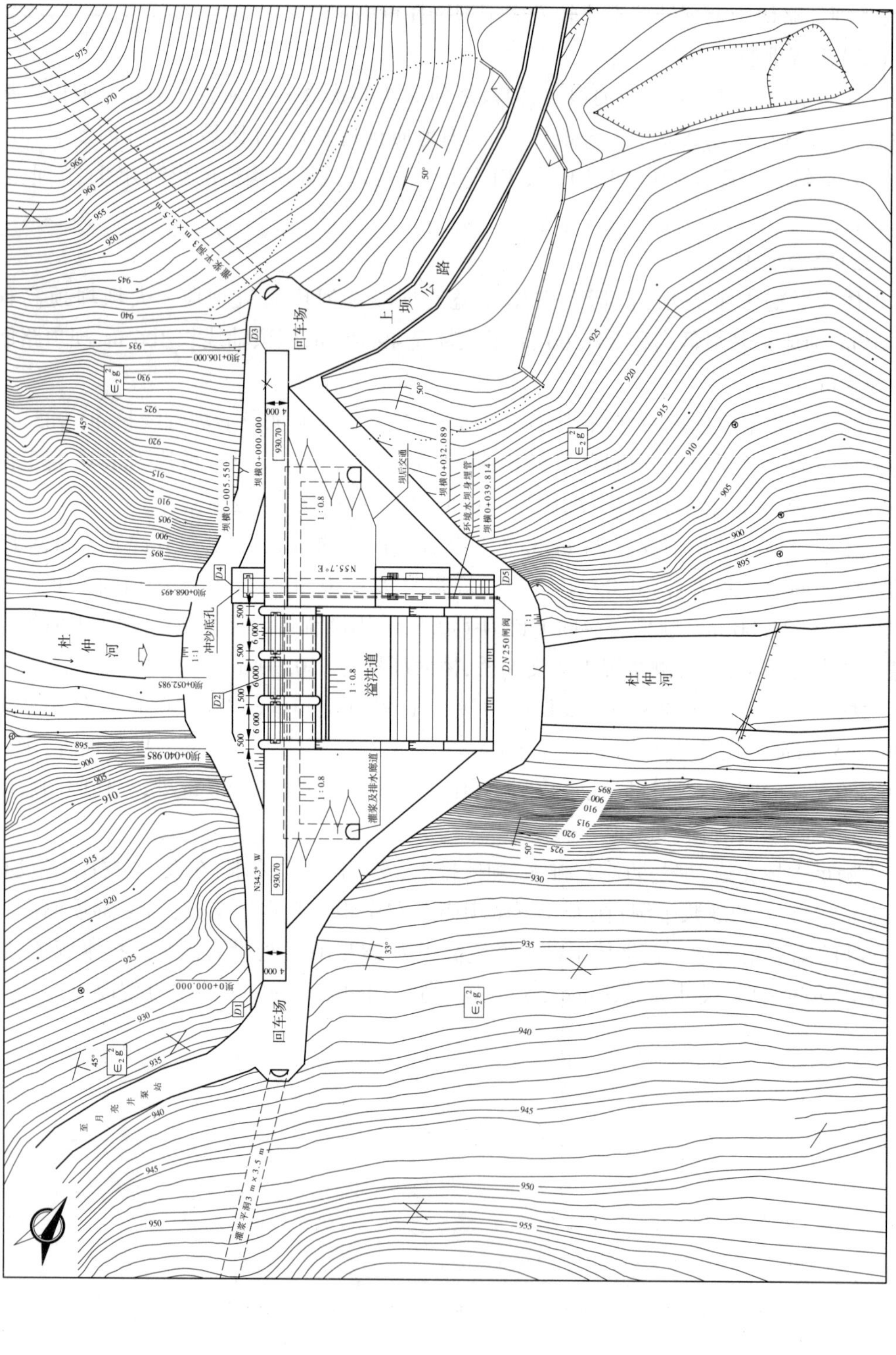

图 2-3 大坝平面布置图(1:500)

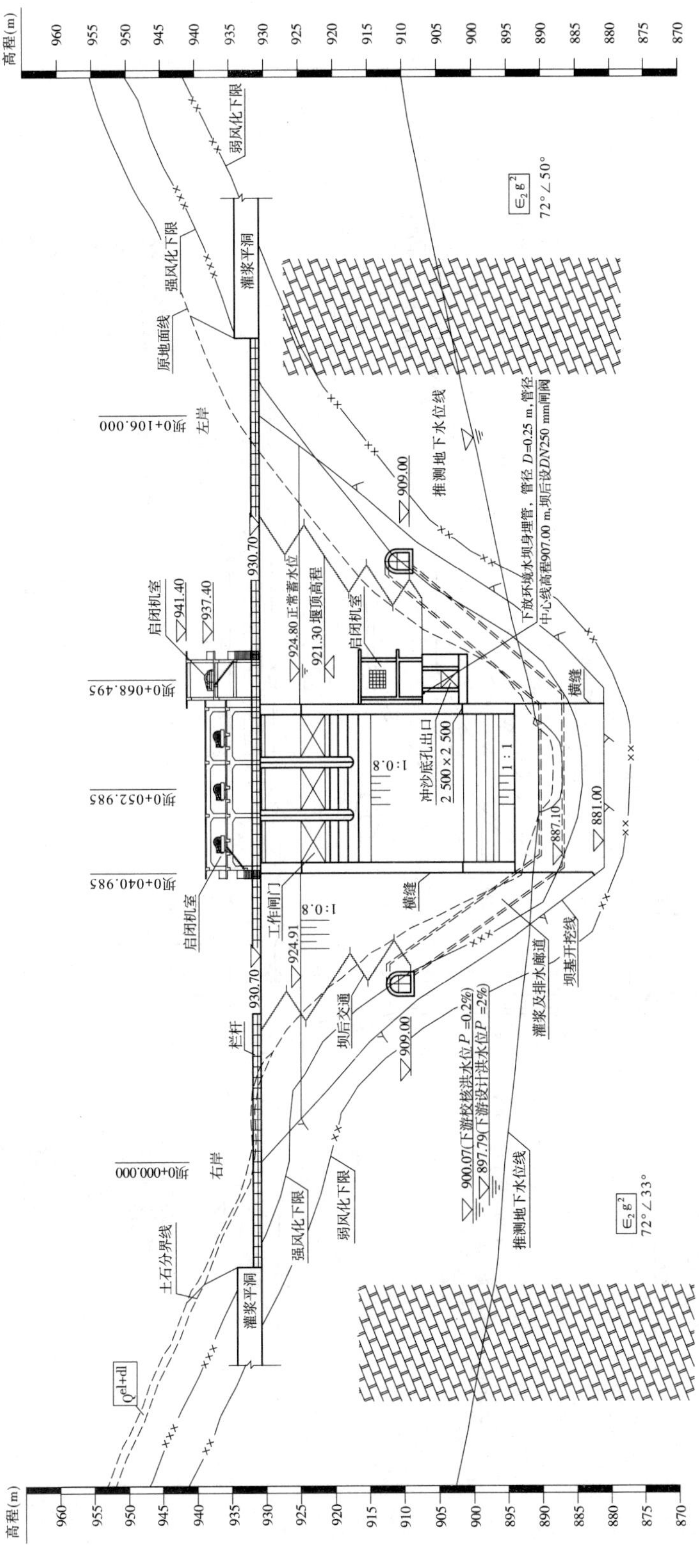

图 2-4 大坝下游立面图(1:500)

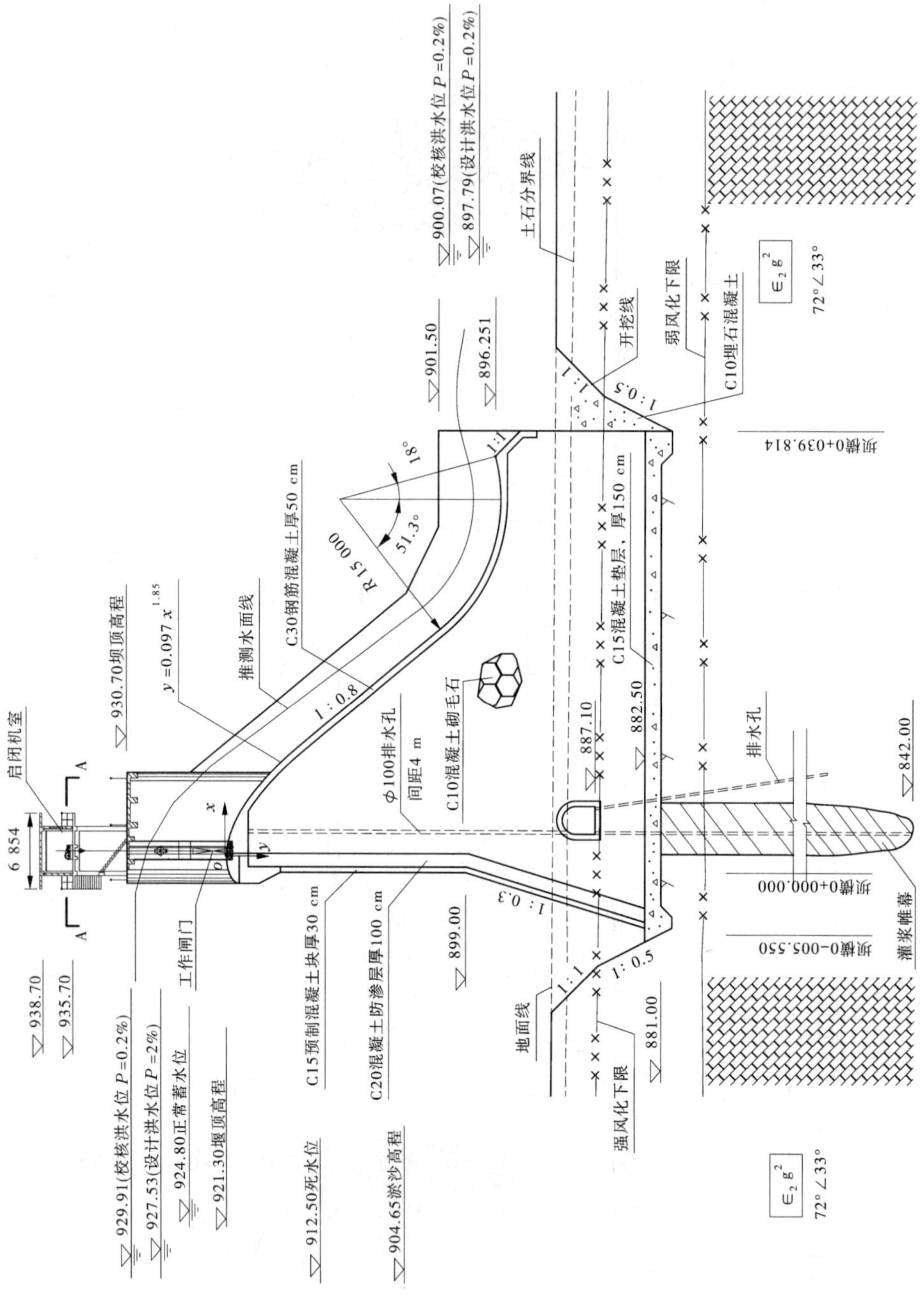

图 2-5 溢流坝剖面图(1:500)

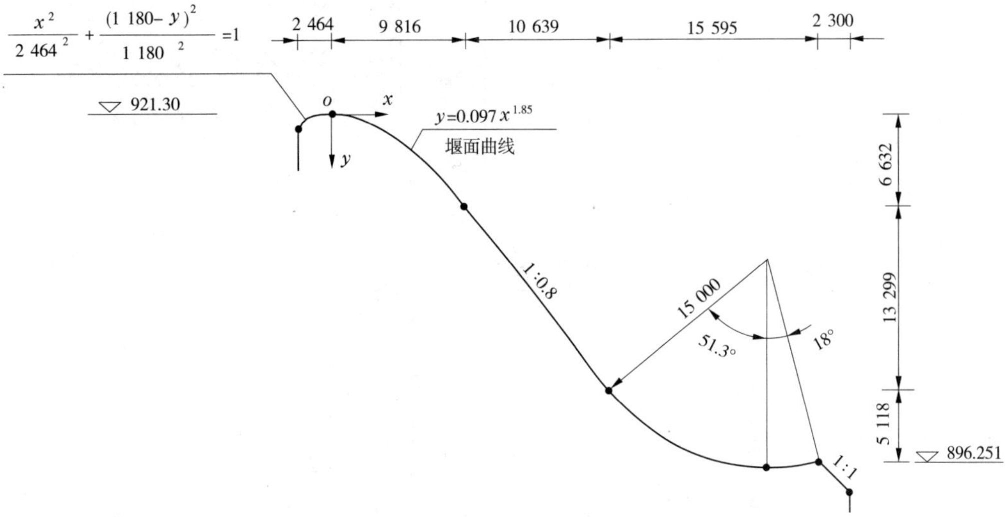

下游堰面曲线坐标表

点号	坐标		备注
	x	y	
1	0.000	0.000	起点
2	1.000	0.097	
3	2.000	0.350	
4	3.000	0.740	
5	4.000	1.260	
6	5.000	1.904	
7	6.000	2.668	
8	7.000	3.548	
9	8.000	4.543	
10	9.000	5.649	
11	9.816	6.632	末端

图 2-6　溢流面曲线大样图

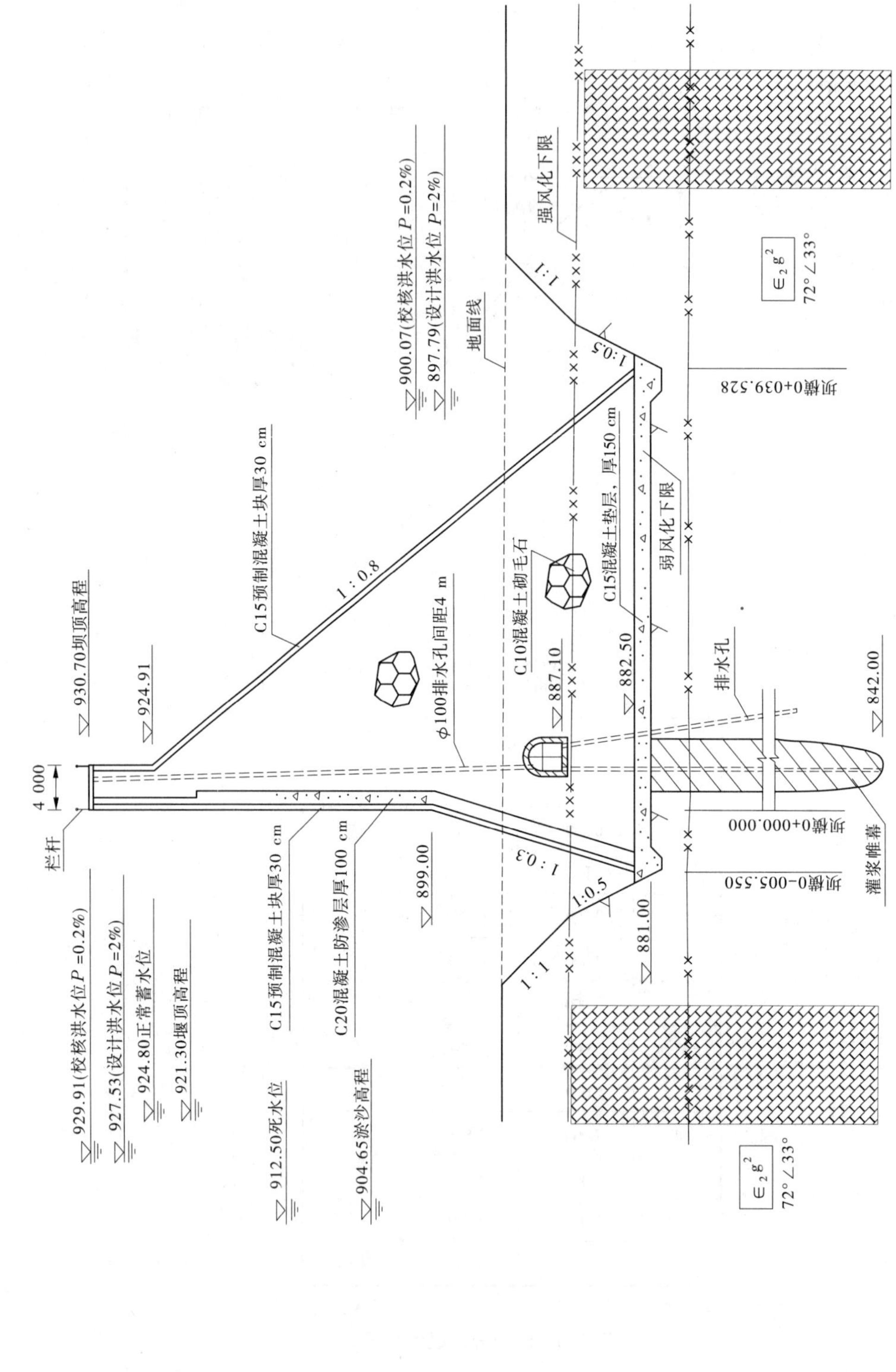

图 2-7 非溢流坝剖面图(1:500)

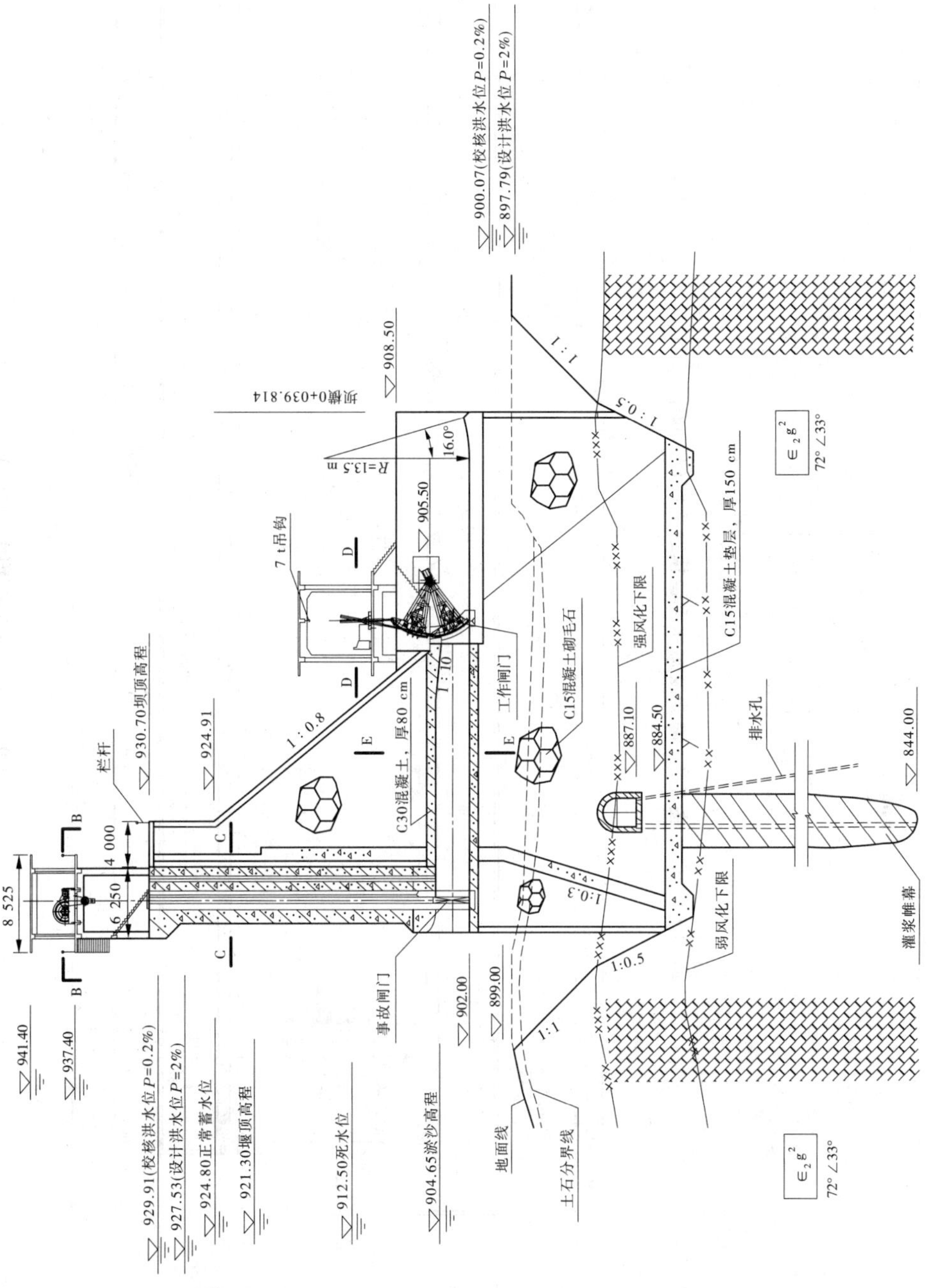

图 2-8　冲沙底孔剖面图（1∶500）

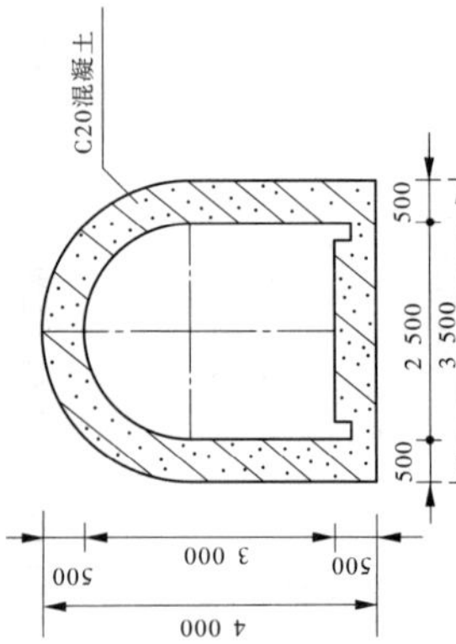

图 2-9　灌浆及排水廊道横断面图(1:200)

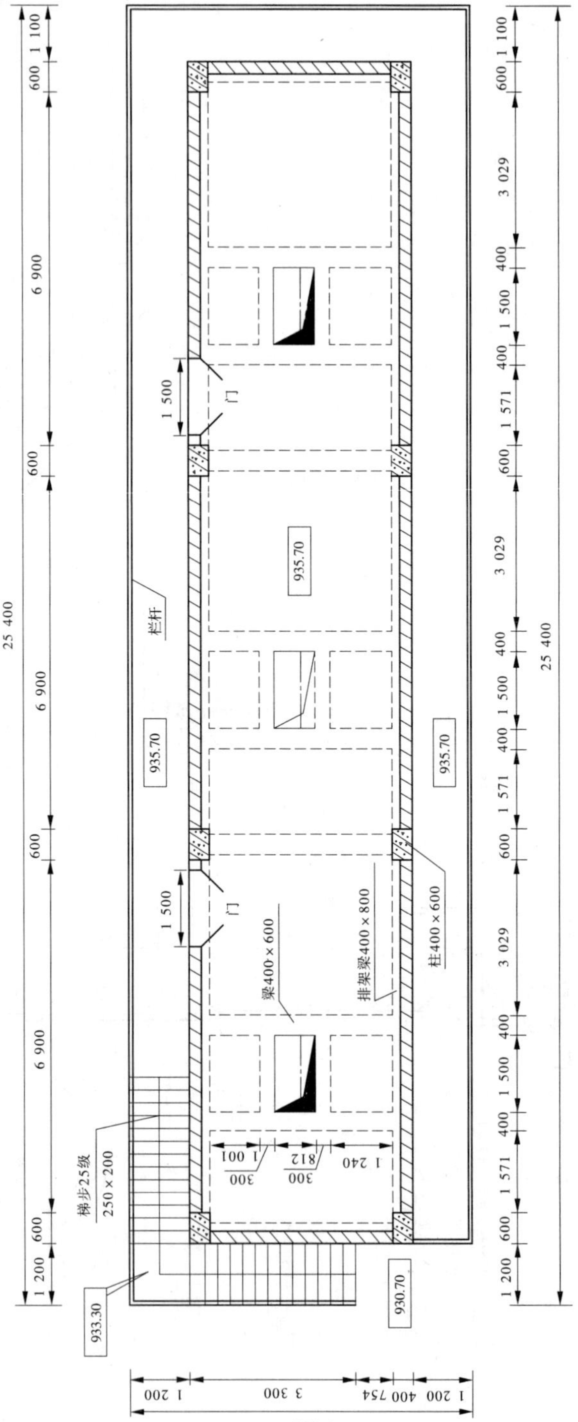

图 2-10　A—A 剖面图(1:100)

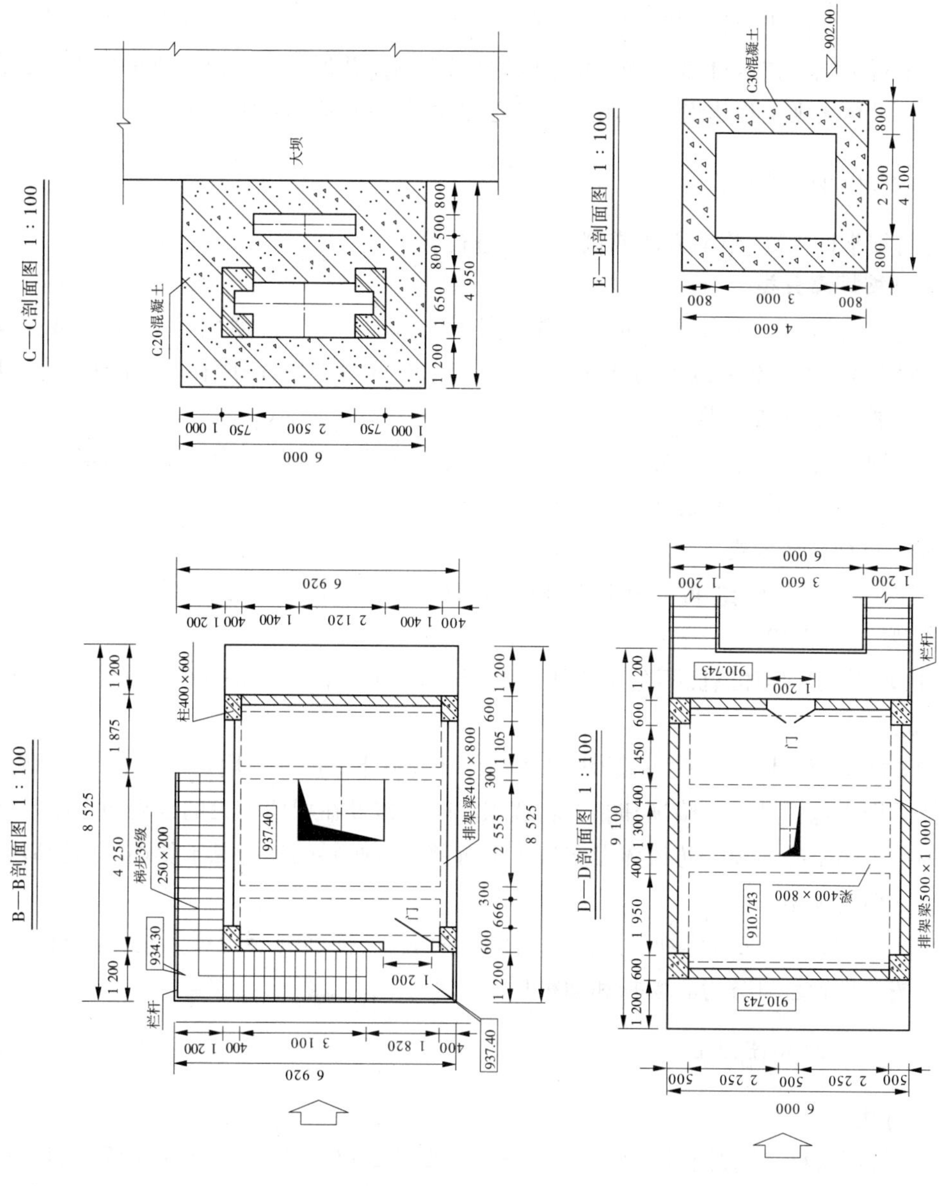

图 2-11　B—B、C—C、D—D、E—E 剖面图

第三节　土石坝概述

土石坝泛指由当地土料、石料或混合料，经过抛填、碾压等方法堆筑而成的挡水坝。当坝体材料以土和砂砾为主时，称为土坝；以石渣、卵石、爆破石料为主时，称为堆石坝；当两类当地材料均占相当比例时，称为土石混合坝。土石坝是历史最为悠久的一种坝型。近代的土石坝筑坝技术自20世纪50年代以后得到发展，并促成了一批高坝的建设。目前，土石坝是世界大坝工程建设中应用最为广泛和发展最快的一种坝型。

一、土石坝类型

土石坝常按坝高、施工方法或筑坝材料进行分类。

（一）按坝高分类

土石坝按其坝高可分为低坝、中坝和高坝。《碾压式土石坝设计规范》（SL 274—2020）规定：高度在30 m以下为低坝，高度在30~70 m为中坝，高度在70 m以上为高坝。

（二）按施工方法分类

土石坝按其施工方法可分为碾压式土石坝、冲填式土石坝、水中填土坝和定向爆破堆石坝等。应用最为广泛的是碾压式土石坝。

（三）筑坝材料分类

按照土料在坝身内的配置和防渗体所用的材料种类，碾压式土石坝可分为以下几种主要类型（见图2-12）：

（1）均质坝。坝体断面不分防渗体和坝壳，基本上是由均一的黏性土料（壤土、砂壤土）筑成。

（2）土质防渗体分区坝。用透水性较大的土料做坝的主体，用透水性极小的黏土做防渗体的坝。包括黏土心墙坝和黏土斜墙坝。防渗体设在坝体中央的或稍向上游且略为倾斜的称为黏土心墙坝。防渗体设在坝体上游部位且倾斜的称为黏土斜墙坝，是高坝、中坝中最常用的坝型。

（3）非土质材料防渗体坝。防渗体由沥青混凝土、钢筋混凝土或其他人工材料建成的坝。按其位置也可分为心墙坝和面板坝。

二、土石坝的优缺点

（一）优点

（1）就地取材，节省钢材、水泥、木材等重要建筑材料，同时减少了筑坝材料的远途运输。

（2）结构简单，便于维修和加高、扩建。

（3）坝身是土石散粒体结构，有适应变形的良好性能，因此对地基的要求低。

（4）施工技术简单，工序少，便于组合机械快速施工。

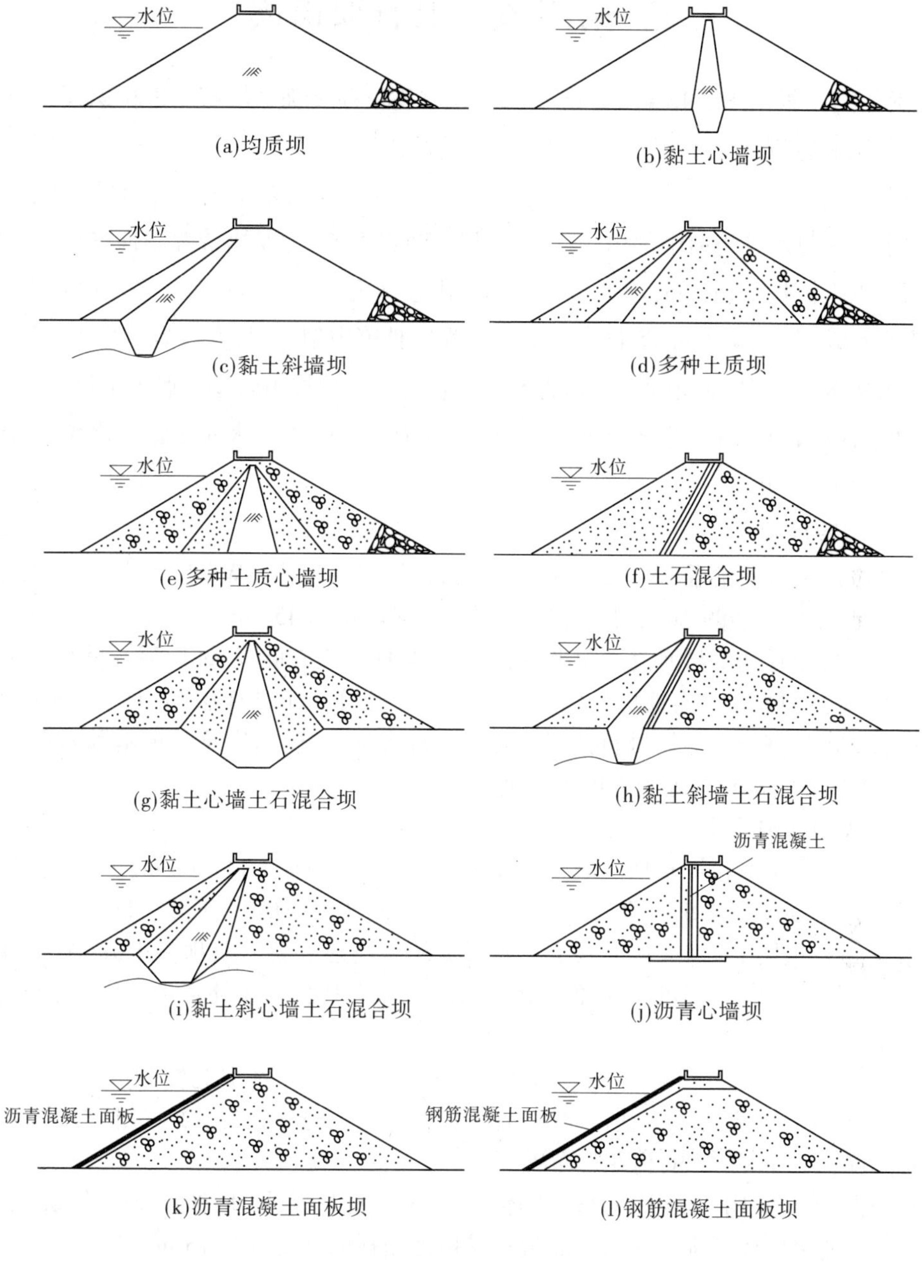

图 2-12 土石坝分类图

(二)缺点

(1)坝身不能溢流,施工导流不如混凝土坝方便。

(2)黏性土料的填筑受气候等条件影响较大,影响工期。

(3)坝身需定期维护,增加了运行管理费用。

第四节　土石坝识读

【例 2-2】　根据图 2-13~图 2-15 对马沙沟水库混凝土面板堆石坝进行识读。

(一)工程概况

马沙沟水库位于长嵌河羊九溪下游,地处贵州省习水县东皇镇羊九管理区风界石村境内。水库为习水县境内中部山区，气候温和,降水丰沛,为亚热带湿润性气候。马沙沟水库坝址以上河长 12.6 km,坝址至上游关门山水库河长 8.6 km,河道平均比降 2%。水库总库容 670 万 m^3,兴利库容 442 万 m^3。工程属Ⅲ等中型工程,大坝为 3 级建筑物,次要建筑物为 4 级建筑物,临时性建筑物为 5 级建筑物。大坝按 100 年一遇洪水设计,洪峰流量为 248 m^3/s,1 000 年一遇洪水校核,洪峰流量为 385 m^3/s。水库正常蓄水位 1 105.00 m,死水位 1 070.00 m。

(二)工程地质

坝址区河流流向由近 EW 向转 N80°W 向,然后再转向近 EW 向,形成 Z 形河流。坝址位于 Z 形的中部(N80°W),可供布置拦河坝的河段长约 450 m。

两岸砂岩山脊基本与河流方向平行,地形上总体左缓右陡,坝址处河谷呈基本对称的 V 形,两岸基本顺直。出露地层为侏罗系上统遂宁组(J_{3S})下部地层,从河底至两岸坡,砂岩、泥质粉砂岩与粉砂质泥岩相间分布,坝址区岩溶不发育,坝肩及趾板基础岩石基本为 BⅢ、CⅣ类岩体。工程区地震烈度为Ⅵ度。

(三)大坝结构设计

大坝为混凝土面板堆石坝。最大坝高 81.0 m,坝顶高程 1 111.00 m,坝顶有效宽度 5 m,坝顶防浪墙高度为 4.5 m,防浪墙顶部高程 1 112.20 m,坝轴线长度 228.1 m。上游坝坡 1∶1.4,下游坝坡 1∶1.4。从上游至下游根据使用功能和要求及坝料来源,坝体填筑分为五大区,即垫层区、过渡区、主堆石区、次堆石区及上游防渗补强区(上游石渣、黏土区)。

趾板全部坐落在弱风化岩石上,采用平趾板布置形式。趾板宽度分部位分别采用 6 m 和 8 m,厚度 0.6~0.8 m。趾板通过锚杆与基岩连接,选用直径 32 mm 锚杆,深入基岩长 4 m,间距 1.2 m×1.2 m,梅花形布置。

面板混凝土采用二级配 C25,抗渗标号 W8,抗冻标号 F100,*W/C* 为 0.5,并掺 0.9 kg/m^3 的聚丙烯纤维。受压区面板和受拉区面板的宽度均为 15 m。

(四)大坝设计特点

峡谷地区高面板堆石坝;利用料场砂岩开挖料填筑大坝,在面板混凝土中掺聚丙烯纤维以提高抗裂抗渗性。

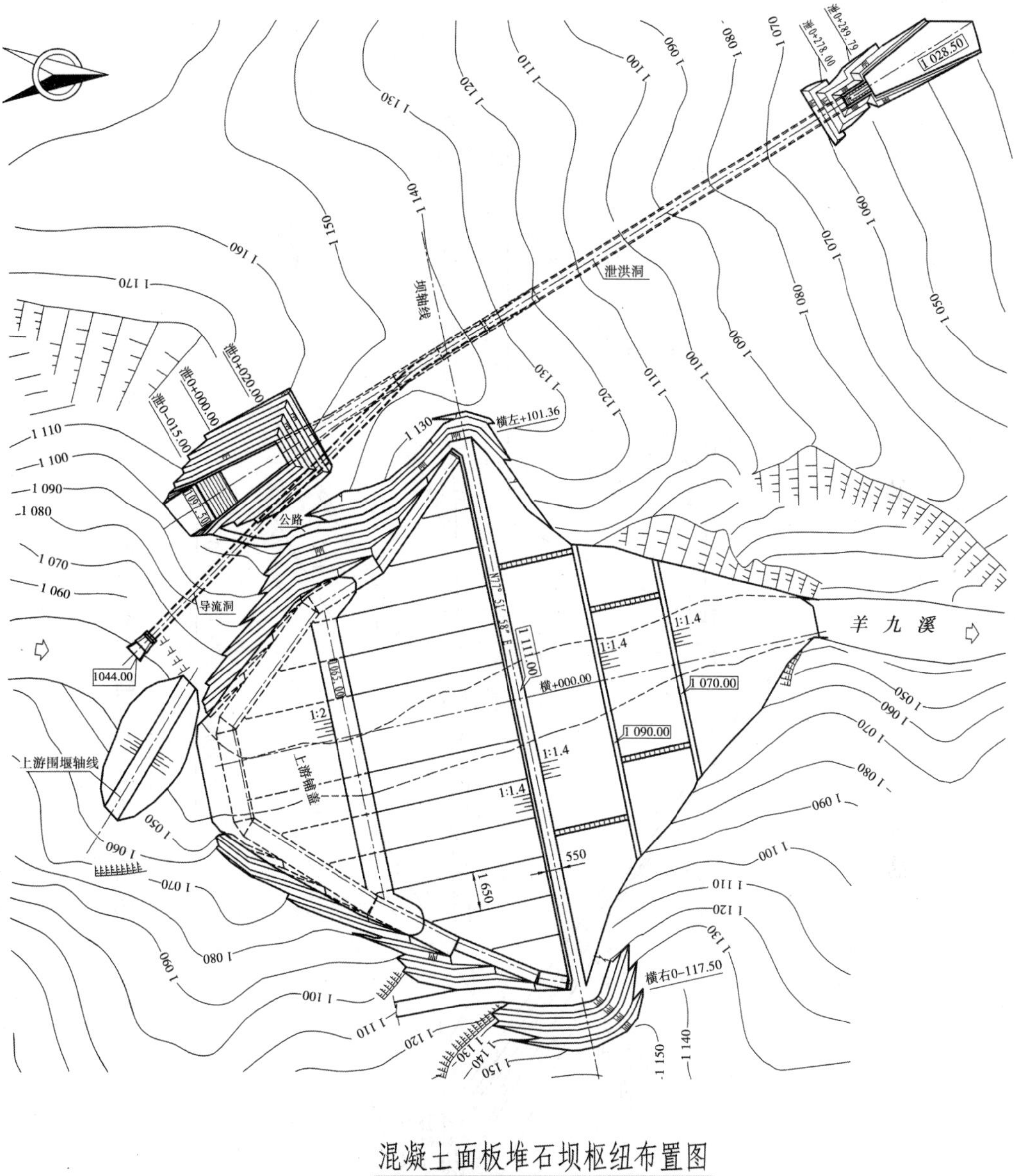

混凝土面板堆石坝枢纽布置图

图 2-13　马沙沟水库混凝土面板堆石坝枢纽布置图

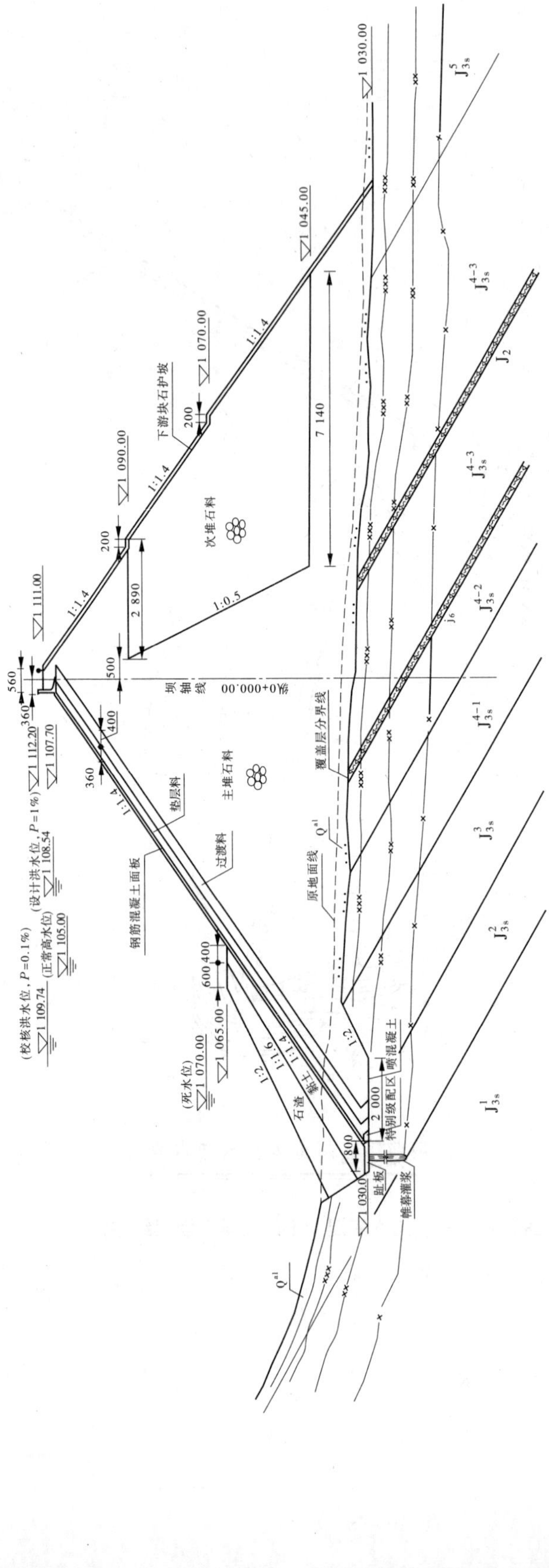

大坝典型剖面图(横0+000.00)

图 2-14 马沙沟水库混凝土面板堆石坝典型剖面图

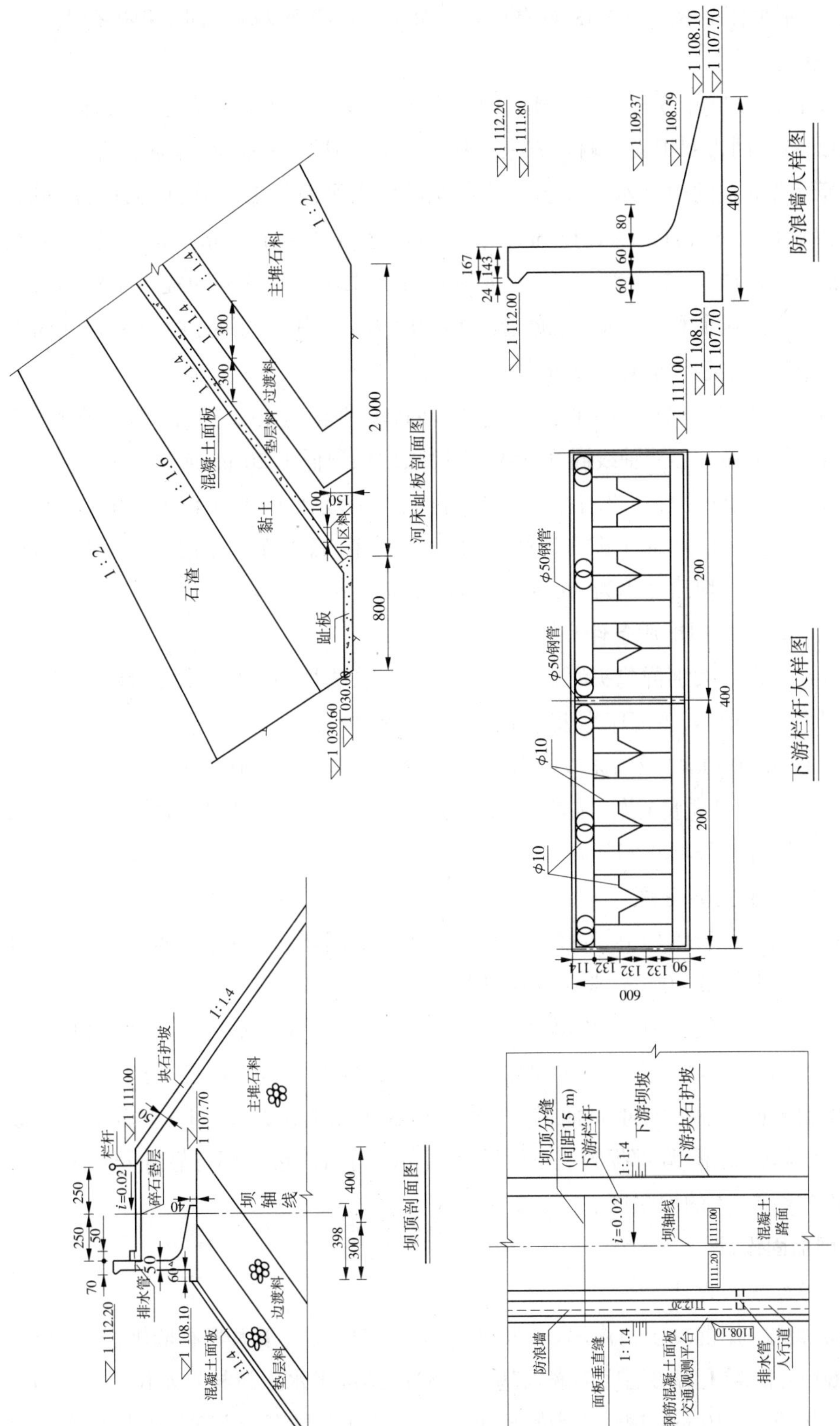

说明：图中高程、桩号以m计，直径以mm计，其余尺寸以cm计。

图 2-15　马沙沟水库混凝土面板堆石坝细部构造图

【例 2-3】 根据图 2-16～图 2-18 对响水潭水库黏土心墙坝除险加固工程进行识读。

(一)工程概况

响水潭水库于 1970 年 6 月动工兴建，1971 年 6 月竣工。坝址位于巴水二级支流五桂河上游，湖北省黄冈市罗田县大崎乡方家坳村。它是一座以灌溉为主，兼有防洪、发电和水产养殖等综合效益的中型水库。响水潭水库设计灌溉面积 2.8 万亩(其中，团风县 2.2 万亩，罗田县 0.6 万亩，1 亩=1/15 hm^2)，是团风县最大的灌溉引水工程，为解决包括牛车河水库在内的团风县 17 座大、中、小型水库的灌溉水源不足的问题提供了较为可靠的保障。坝址以上承雨面积 80 km^2，总库容 3 245.12 万 m^3，其中调洪库容 953.12 万 m^3，兴利库容 2 292 万 m^3，死库容 41.5 万 m^3。

大坝为黏土心墙坝，坝顶全长 327 m，宽 7.6 m，坝顶高程 132.70 m(黄海高程，下同)，最大坝高 46.30 m。心墙轴线同坝轴线，心墙顶比坝顶低 1.20 m，顶宽 0.7 m。大坝上游为 0.60 m 厚干砌石护坡，设有平台三道，自上而下坡比分别为 1∶2.0、1∶2.25 和 1∶2.5。大坝下游也是 0.60 m 干砌石护坡，设有平台两道，自上而下坡比分别为 1∶1.75、1∶2.0 和 1∶2.25。反滤坝顶高程为 96.20 m，顶宽 4 m。

(二)大坝坝基及坝肩地质条件

大坝坐落在太古界大别群包头河组四段第三亚段上，岩性为含角闪黑云奥长片麻岩，坝基下原基岩大多已裸露，主河床靠近左岸，河谷宽约 100 m。

左坝肩(0+000～0+064)及河床段(0+064～0+159)坝基为微风化岩体，其透水率小于 10 Lu，具弱透水性，坝基质量较好；右坝肩(0+159～0+327)强—弱风化岩体具中等透水性，坝基质量较差，存在绕坝渗漏问题。

(三)大坝存在的主要问题

右坝肩强—弱风化岩体具中等透水性，存在绕坝渗漏问题。大坝右岸坡脚一带，桩号 0+180～0+200，高程约 101.00 m，常年散浸积水。

大坝为陡坡窄心墙代料坝，心墙顶宽仅 0.7 m，心墙填料成分不均，上部混填有粗砂夹层，不符合质量要求。心墙中等透水，其渗透系数和压实度不满足规范要求。

坝壳料由粗砂(风化砂土)填筑而成，相对密度不符合规范要求。上、下游块石护坡质量较差，存在风化、变形、局部损毁。下游反滤坝左端与山体接触部位靠桩号 0+075 处坝脚发生了面积约 5 m^2 的塌陷区。

(四)大坝加固设计

1. 坝体防渗处理及设计

大坝出险加固采用混凝土防渗墙。C20 混凝土防渗墙设置于大坝心墙轴线上，经计算需墙厚 0.60 m，混凝土防渗墙底部嵌入基岩 0.5 m，顶部平水库校核洪水位 131.50 m，在防渗墙内预埋直径 110 mm 钢管作为帷幕灌浆孔。混凝土防渗墙方案能够从根本上解决坝体抗渗能力低的问题，施工简单易行，但投资较高。

混凝土防渗墙施工分两序按逐渐加密的原则进行,槽段长 6 m。混凝土防渗墙布置范围为 0+000~0+327,主要工程量:挡水面积 9 141.4 m^2,混凝土体积 5 484.8 m^3,预埋 ϕ110 钢管 3 825.7 m。

2. 坝基防渗处理方案及设计

右坝肩存在较严重的绕坝渗漏,采用帷幕灌浆进行加固处理。灌浆帷幕位于混凝土防渗墙正下方,通过混凝土防渗墙中预埋钢管施工,影响半径按 1.5 m 考虑,允许渗透坡降取 19.5,考虑孔斜影响,形成帷幕墙厚度 1.9 m,灌浆帷幕单排布孔,终孔孔距 1.5 m。

3. 上下游坝坡加固方案及设计

针对水库大坝上、下游护坡厚度大,质量较差,局部存在风化、变形、破损和反滤料流失现象,采用对上、下游护坡进行局部翻修,翻修后护坡厚度仍采用 700 mm,其中块石厚 600 mm,碎石垫层厚 100 mm。

大坝坝顶欠高 0.5 m,增设防浪墙。防浪墙采用 L 形现浇钢筋混凝土结构,高 1.10 m,底宽 1.0 m,厚 0.3 m,顶面高程 133.20 m。

大坝坝顶现土质路面宽约 7.0 m,为了便于防汛交通和运行管理,坝顶设 C30 混凝土路面,路面宽 6.0 m,厚 0.20 m,下设 0.10 m 厚的水泥稳定砂砾层,下游设 250 mm×400 mm 预制混凝土路肩石。

4. 坝坡交通设计

1)坝坡

根据工程管理需要,在桩 0+100、0+176 两处大坝上下游坝坡各布置两道上坝台阶,台阶净宽 2.0 m,总宽 2.6 m,采用 30 cm 厚浆砌石砌筑,面层 50 mm 厚细石混凝土找平。

2)反滤坝加固设计

反滤坝坝面局部变形,采取反滤坝表面局部翻修,同时为了与两岸岸坡排水沟连接,将反滤坝向左端延伸 8 m,另在反滤坝坝脚新建一排水沟。

3)坡面排水设计

新建上、下游岸坡排水沟,上游为 112.00 m 高程至坝顶,下游自反滤坝顶至坝顶;在下游坝坡 112.2 m、122.74 m 高程平台新建横向排水沟,沿下游坝面上坝台阶外侧新建竖向排水沟,排水沟为 C15 预制混凝土结构,$b\times h=300$ mm×300 mm,壁厚 100 mm 。

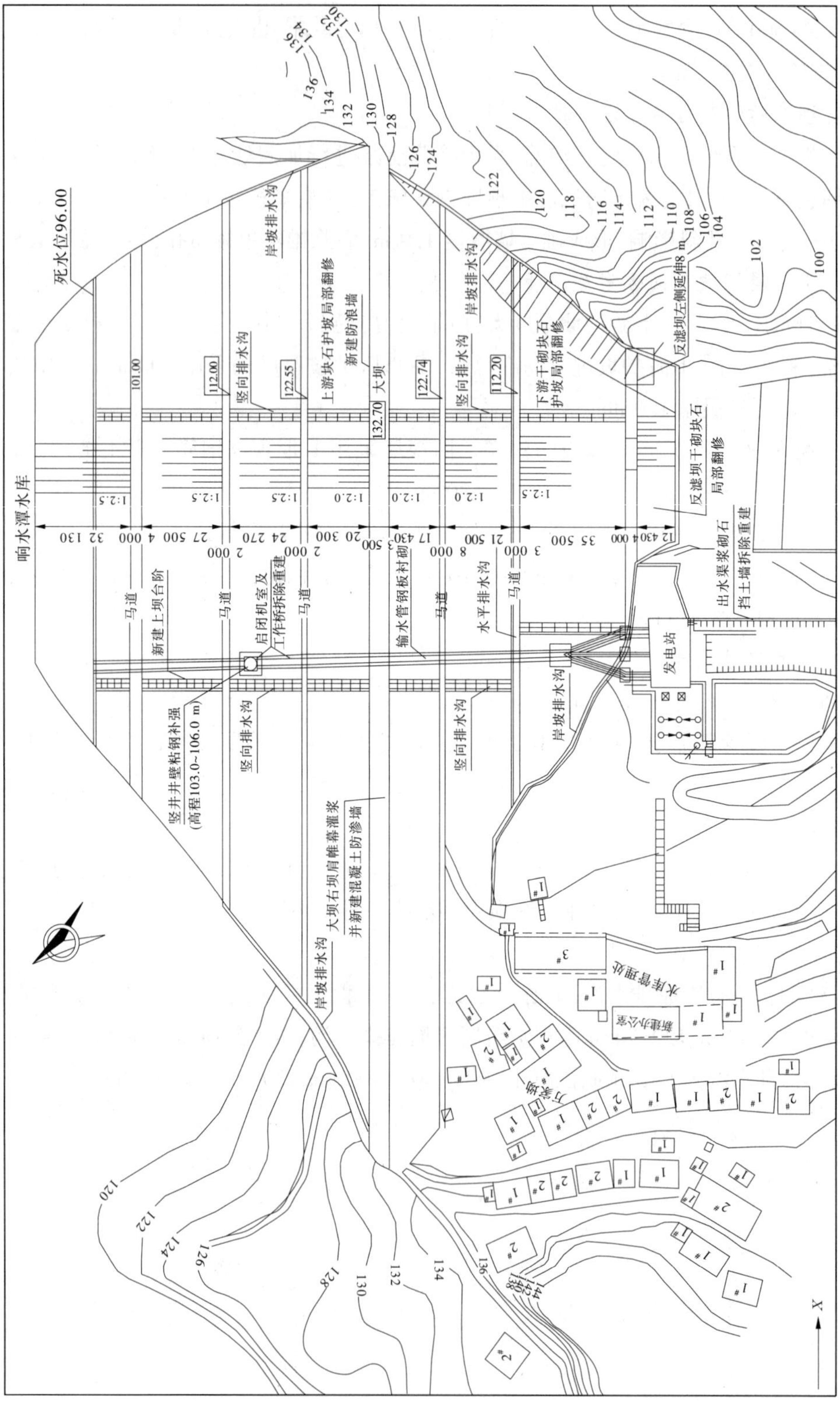

图 2-16 响水潭水库大坝加固工程平面布置图

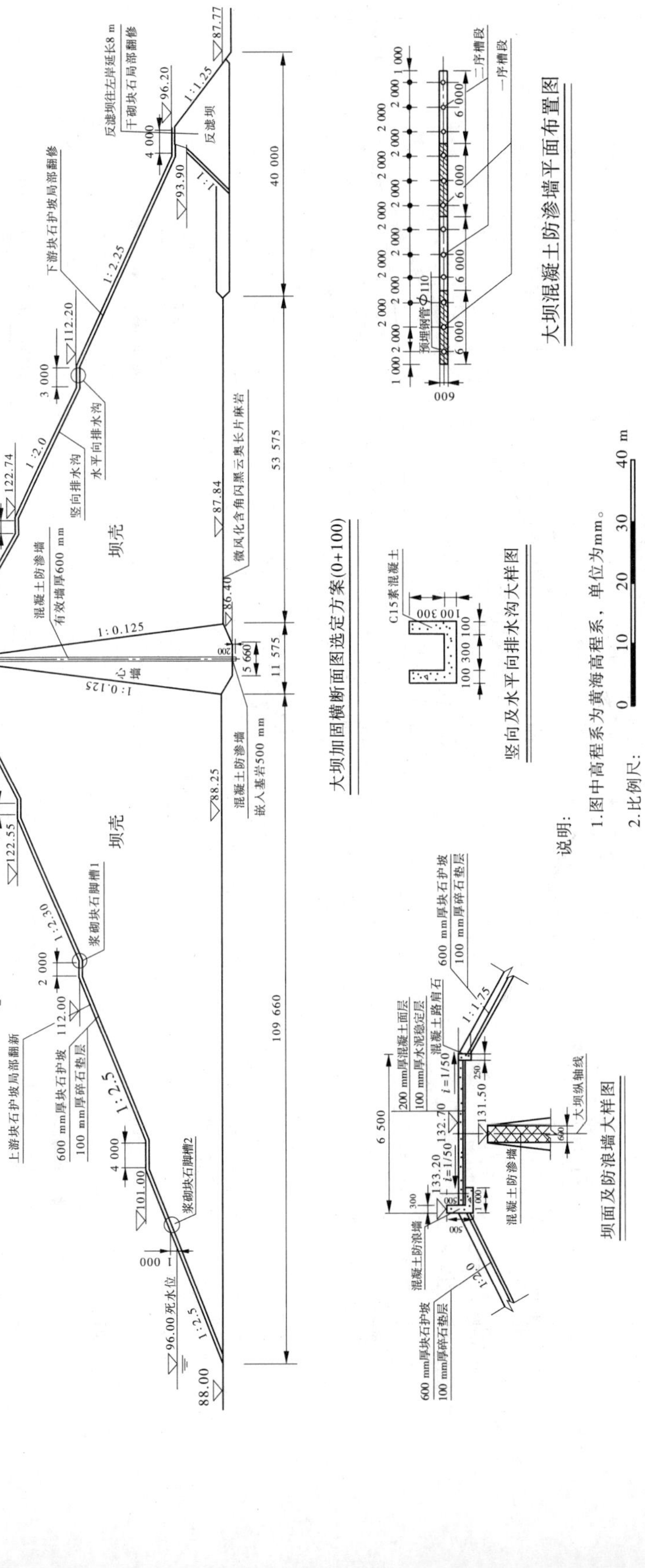

图 2-17 响水潭水库大坝加固横断面图 0+100

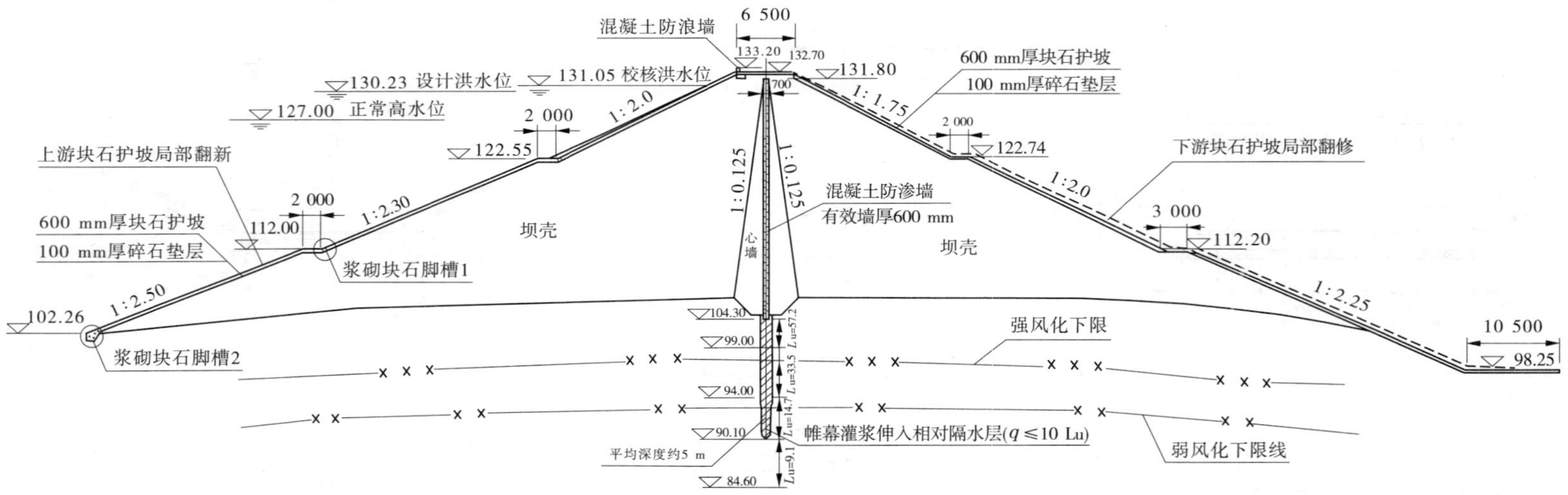

大坝加固横断面图0+176

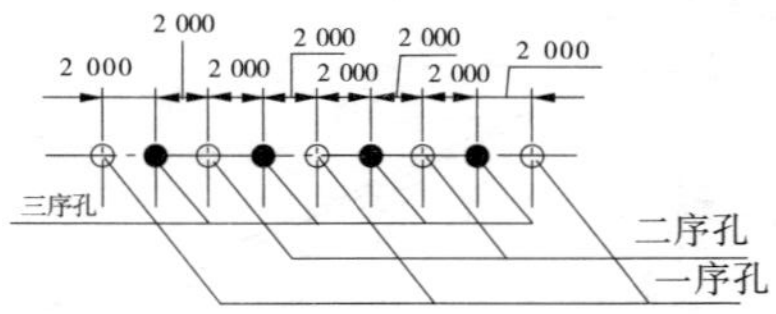

右坝肩帷幕灌浆钻孔布置图

说明：

1.图中高程系为黄海高程系，单位为mm。

2.比例尺：0 10 20 30 40 m

图 2-18　响水潭水库大坝加固横断面图 0+176

第三章　输水建筑物识读

第一节　水工隧洞概述

一、水工隧洞简介

水工隧洞是在山体中或地下开凿的过水洞。水工隧洞可用于灌溉、发电、供水、泄水、输水、施工导流和通航。水流在洞内具有自由水面的，称为无压隧洞；充满整个断面，使洞壁承受一定水压力的，称为有压隧洞。发电隧洞一般是有压的；灌溉、供水和泄水隧洞，可以是无压的，也可以是有压的；渠道和运河上的隧洞则是无压的。

水工隧洞主要由进水口、洞身和出口段组成（发电用的引水隧洞在洞身后接压力水管，渠道上的输水隧洞和通航隧洞只有洞身段。闸门可设在进口、出口或洞内的适宜位置。出口设有消能防冲设施。为防止岩石坍塌和渗水等，洞身段常用锚喷（采用锚杆和喷射混凝土）或钢筋混凝土做成临时性支护或永久性衬砌。洞身断面可为圆形、城门洞形或马蹄形。有压隧洞多用圆形。进出口布置、洞线选择及洞身断面的形状和尺寸，受地形、地质、地应力、枢纽布置、运用要求和施工条件等因素所制约，需要通过技术经济比较后确定。

二、水工隧洞分类

水工隧洞按其功用分为：

（1）引水、输水隧洞。引水或输水以供发电、灌溉或工业和生活之用。

（2）导流、泄洪隧洞。在兴建水利工程时用以导流或运行时泄洪。

（3）尾水隧洞。排走水电站发电后的尾水。

（4）排沙隧洞。排冲水库淤积的泥沙或放空库水以备防空或检修水工建筑物之用。

水工隧洞是水利枢纽的重要组成部分之一。隧洞线路必须与水利枢纽的建设任务相适应，并须根据地形、工程地质和水文地质、水文等条件选定。线路应力求短而直。当高速有压隧洞在平面上采用曲线布置时，为避免水流脱壁，产生负压和空蚀，其半径和转角应通过水工模型试验确定；而对高速无压隧洞在平面上则尽量不设曲线段。

有压隧洞的底坡取决于进出口的高程。无压隧洞的底坡应根据水力计算确定。为了自流排水，便于隧洞检修，要有一定的底坡。采用有轨运输施工的隧洞，其底坡不宜太大。

三、隧洞建筑物

隧洞建筑物一般包括进口建筑物、洞身和出口建筑物三个主要部分。此外，水电站厂房也可设置在地下和隧洞邻接。

(一)进口建筑物

进口建筑物包括进水喇叭口、闸门及其控制建筑物、通气孔道、进口渐变段(从安装闸门地段的矩形断面过渡到洞身断面)。作用是:进水和控制水流;保证水流平顺,避免空蚀现象;尽量减小局部阻力,保证过水能力。

(二)洞身

洞身是隧洞的主体,其断面形式和尺寸取决于水流条件、施工技术情况和运用要求等。有压隧洞一般采用圆形断面,而无压隧洞则采用圆拱直墙或曲墙。隧洞断面尺寸必须满足设计流量的要求,有压隧洞按管流计算,无压隧洞按明渠流计算。为保证无压隧洞的明流状态,在按能量方程计算的水面曲线以上应留有一定净空。对于高流速的无压隧洞,还要考虑渗气和冲击波的影响,水面以上要另留一定的余幅面积。洞身一般要修建衬砌,用以防护岩面并减小洞壁粗糙,防止渗漏,承受围岩压力、内水压力及其他荷载。衬砌类型有不承载的护面结构;混凝土、钢筋混凝土或喷锚支护的单层衬砌;内层为钢板,外层为混凝土或钢筋混凝土,或由喷锚支护和现浇混凝土组合成的复合式衬砌。地质条件较好的隧洞,特别是无压隧洞,可以不做衬砌,但要采用光面爆破开挖,以达到岩面平整的要求。

(三)出口建筑物

出口建筑物的组成和功用按隧洞类型而定。用于引水发电的有压隧洞,其末端连接水电站的压力水管。通常还设置有调压室(井),当电站负荷急剧变化时,用以减轻有压隧洞和压力水管中的动压现象,改善水轮机的工作条件。泄水洞口一般设有消能建筑物,如出口设置扩散段以扩散水流,减小单宽流量(从洞内流出的最大流量除以水面宽度),防止对出口渠道或河床的冲刷。

中国在水利水电建设中,已建成长度在 2 000 m 以上的隧洞近 30 座,长度大于 10 000 m 的大型隧洞有 11 座。

第二节　水工隧洞识读

【例 3-1】　根据图 3-1～图 3-3 对高岭头一级水电站发电引水隧洞进行识读。

(一)工程概况

高岭头一级水电站位于飞云江水系学作溪支流的高岭头溪上,是一座以发电为主的中型水利枢纽工程,坝址以上水库集雨面积 32. 6 km^2,总库容 1 778 万 m^3,装机容量 2×8 000 kW,年设计发电量 4 146 万 kW·h 时,装机年利用小时 2 591 h,建有发电厂房至平阳水头 110 kV 的输电线路与华东电网并网送电。工程于 1987 年动工兴建,1994 年 10 月大坝蓄水,1995 年 1 月投产发电,目前运行正常。

发电枢纽工程主要由水库大坝、引水隧洞、调压井、引水压力钢管、发电厂房、输电线路等组成。

(二)隧洞轴线布置

本工程隧洞全长 4 720 m,沿线地形除有 2 处冲沟外,均为连绵高山,且有两条较大断层通过,因此在隧洞轴线布置时主要考虑施工支洞的布置、洞轴线与断层的交角等因素。

初步设计阶段在第一条冲沟处采用明管方案，施工图阶段考虑到施工期隧洞防洪等因素，将洞轴线往左偏移，以保证最小洞顶厚度。按照有利于施工支洞布置、洞轴线与大断层交角较大的原则选择洞轴线方案。

(三)结构设计

进水口采用半塔式进水口，由拦污栅、闸门段、渐变段和上部结构组成。上部结构主要有检修平台、启闭机室等。

进水口前缘桩号 0-006.58，末端桩号 0+003.80，总长 10.38 m，底板高程 751.00 m。进水口前缘设有 3 m×3.5 m 钢结构活动拦污栅及钢筋混凝土拦污格栅，闸门井内布置平面滑动式检修钢闸门及轮式平面事故钢闸门各一道，孔口尺寸 2 m×2 m，门后设置直径为 400 mm 的通气孔。进水口采用混凝土结构。闸门井后接渐变段，将隧洞断面由 2 m×2 m 方形渐变至直径为 1.90 m 的圆形，与其后的隧洞连接。

引水隧洞自进水口末至调压井中心长 4 710.40 m，最大引用流量 4.70 m^3/s。隧洞采用圆形断面，纵坡 0.2%，开挖洞径均为 2.60 m。混凝土衬砌长 441.70 m，衬后洞径 1.90 m；钢筋间喷混凝土衬砌，衬后洞径 2.30 m，其余为不衬砌隧洞，采用混凝土抹底；钢筋混凝土衬砌段洞顶 120°范围进行回填灌浆。

全洞分别在两处设置了事故施工支洞，城门洞形，断面尺寸为 2.60 m×2.60 m。施工支洞封堵后设进人孔。

调压井为水室式，井高 54.90 m，底高程 744.30 m，顶高程 799.20 m。衬砌厚下室断面由 2.10 m×3.40 m 渐变至 2.10 m×2.60 m 的长圆形，长 7.90 m 的盲洞，中心高程为 747.85 m。衬砌后升管直径 2.10 m，上室直径为 7.50 m，上室底高程 794.55 m。采用钢筋混凝土衬砌，对围岩进行固结灌浆，调压室顶部设有钢筋混凝土盖板。

【例 3-2】 根据图 3-4~图 3-6 对白水坑水电站发电引水系统进行识读。

(一)工程概况

白水坑水电站建在衢江支流的江山港上，工程是以防洪、发电为主并担负浙江省江山市电网调峰任务，工程正常库容为 21 504 万 m^3，电站装机容量为 40 MW，多年平均年发电量 9 286 万 kW · h。工程枢纽建筑物混凝土面板堆石坝、溢洪道、发电引水建筑物、发电厂、升压站等组成。

工程于 2001 年 2 月动工兴建，至 2003 年 3 月基本建成，通过水库封孔蓄水验收、下闸蓄水；2003 年 6 月通过机组启动验收，电站投入试运行，目前运行正常。

发电引水建筑物位于右岸，由进水口、引水隧洞、调压井、斜洞、下平洞及支管等组成，总长度 2 702.52 m。

(二)隧洞轴线布置

发电引水系统位于大坝右岸，利用坝址上游右岸支流东家岭坑平行于坝址下游江山港主流的有利地形条件，进水口位于东家岭坑上，距右坝头约 1.70 km，隧洞轴线在调压井前做平面转弯，转角 172°。

(三)结构设计

1. 进水口

进水口为竖井式，由喇叭口、方形平隧洞、闸门井和渐变段组成。

喇叭口采用钢筋混凝土结构,底板高程 318 m,进口设有两孔,孔口尺寸为 4.5 m×8 m(宽×高),中隔墩厚 1 m,孔口设有两扇拦污栅,倾角 60°,上设拦污栅滑道。拦污栅下游为 10 m 长的渐变段,平面宽厚由 10 m 渐变为 5 m,顶部为椭圆曲线;渐变段后接方形平隧洞,长 10 m,衬砌后孔口尺寸 5 m×6 m,采用钢筋混凝土结构,桩号 0-045.00 处为闸门井,设置 5 m×6 m 平面事故闸门一扇,闸门井高 32.5 m,闸门井开挖尺寸 3.8 m×8.2 m,采用钢筋混凝土结构,检修平台高程 350.00 m,启闭机平台高程 360.50 m,启闭机室内设供拦污栅用的启闭机 2 套及事故闸门用的启闭机 1 套。闸门井下游为长 12 m 的渐变段与引水隧洞上平洞连接。

2. 引水隧洞

引水隧洞为渐变段后至调压井中心,长度 2 304.34 m,隧洞纵坡 1/200,隧洞开挖洞径为 6.5 m。根据地质鉴定结果和设计规定,确定引水隧洞衬砌设计情况:钢筋混凝土衬砌 212 m,喷钢纤维混凝土 576 m,不衬砌 1 516 m。

3. 调压井

调压井高 54.47 m,调压井由连接管、竖井、上室、顶盖等组成,采用钢筋混凝土衬砌;连接管开挖直径 10.50 m,衬后直径 5.5 m;竖井开挖直径 10.50 m,上室开挖断面为 23.50 m×10.50 m 的椭圆形,衬砌厚度为 50 cm;顶盖为钢筋混凝土梁板结构。

【例 3-3】 根据图 3-7~图 3-9 对三插溪一级水电站发电引水系统进行识读。

(一)工程概况

三插溪一级水电站位于浙江省飞云江支流三插溪上,工程以水力发电为主并担负县电网调峰任务,正常库容 3 770 万 m^3,多年平均年发电量 1.06 万 kW·h。工程枢纽建筑物主要由混凝土面板堆石坝、溢洪道、发电引水系统、发电厂房、升压站等组成。坝址在晃桥乡石章坑村附近。

工程于 1993 年动工兴建,至 1998 年通过机组启动验收,电站投入运行至今运行正常。

发电引水建筑物位于右岸,由进水口、调压井、斜洞、下平洞及支管等组成。

(二)隧洞轴线布置

发电引水系统位于大坝左岸,坝址上游左岸支流为进水口。

(三)结构设计

1. 进水口

进水口位于左岸,距大坝左坝头约 180 m,其形式为竖井式,由进口喇叭口、平洞段、闸门井、检修平台、启闭机室等组成。

进口喇叭口桩号 0-006.47 m,底板高程 293.25 m,喇叭口宽 6 m,铅垂高 6 m,布置进口拦污栅,倾角 55°,斜高 7.4 m。平洞段自喇叭口至闸门井,钢筋混凝土衬砌,衬砌厚 0.5 m,衬厚尺寸 4 m×4 m,做固结灌浆和回填灌浆处理,闸门井内布置事故检修闸门系平面钢闸门,孔口尺寸 4 m×4 m 门槽中心桩号 0+036.76,闸门井采用钢筋混凝土结构。检修平台高程 340.10 m,启闭平台高程 348.03 m,启闭机室面积 8 m×9.9 m,室内布置启闭机一台,启闭机室为钢筋混凝土结构。

2. 发电引水隧洞

发电引水隧洞自进口闸门井至调压井，总长 3 363 m，圆形断面，开挖洞径 5 m。其中 5 段（含渐变段）总长 127. 4 m，采用钢筋混凝土衬砌，衬砌厚 40 cm，衬后洞径 4. 2 m；18 段总长 885 m，采用喷锚支护，喷混凝土厚 12 cm，混凝土抹底，顶拱设锚杆；11 段总长 338 m，采用喷锚支护，喷混凝土厚 12 cm，混凝土抹底；其余洞段总长 2 012. 60 m，为不衬砌隧洞，混凝土抹底。隧洞纵坡 1/500。全洞设置施工支洞两条，均为城门洞形，分别位于桩号 2+451. 88 和 3+421. 31 处，1 号支洞断面尺寸 4. 5 m×4. 5 m，2 号支洞断面尺寸 2. 5 m×2. 5 m，两支洞封堵后均设置进人孔和闷头。

3. 调压井

调压井位于 3+403. 71 m 桩号处，为水室式调压井。上室顶高程 350. 60 m，底高程 340. 50 m，钢筋混凝土衬砌厚 40 cm，衬砌后上室直径 14 m，下室直径为盲肠形平洞，底高程 295. 00 m，开挖洞径 5 m 总长度 35 m，其中喷混凝土长 27 m，钢筋混凝土衬砌段长 8 m，衬砌厚 50 cm，衬后直径 4 m。上、下室间连接竖井开挖直径 5 m，钢筋混凝土衬砌厚 50 cm，衬砌后直径 4 m，调压井围岩均做固结灌浆处理。

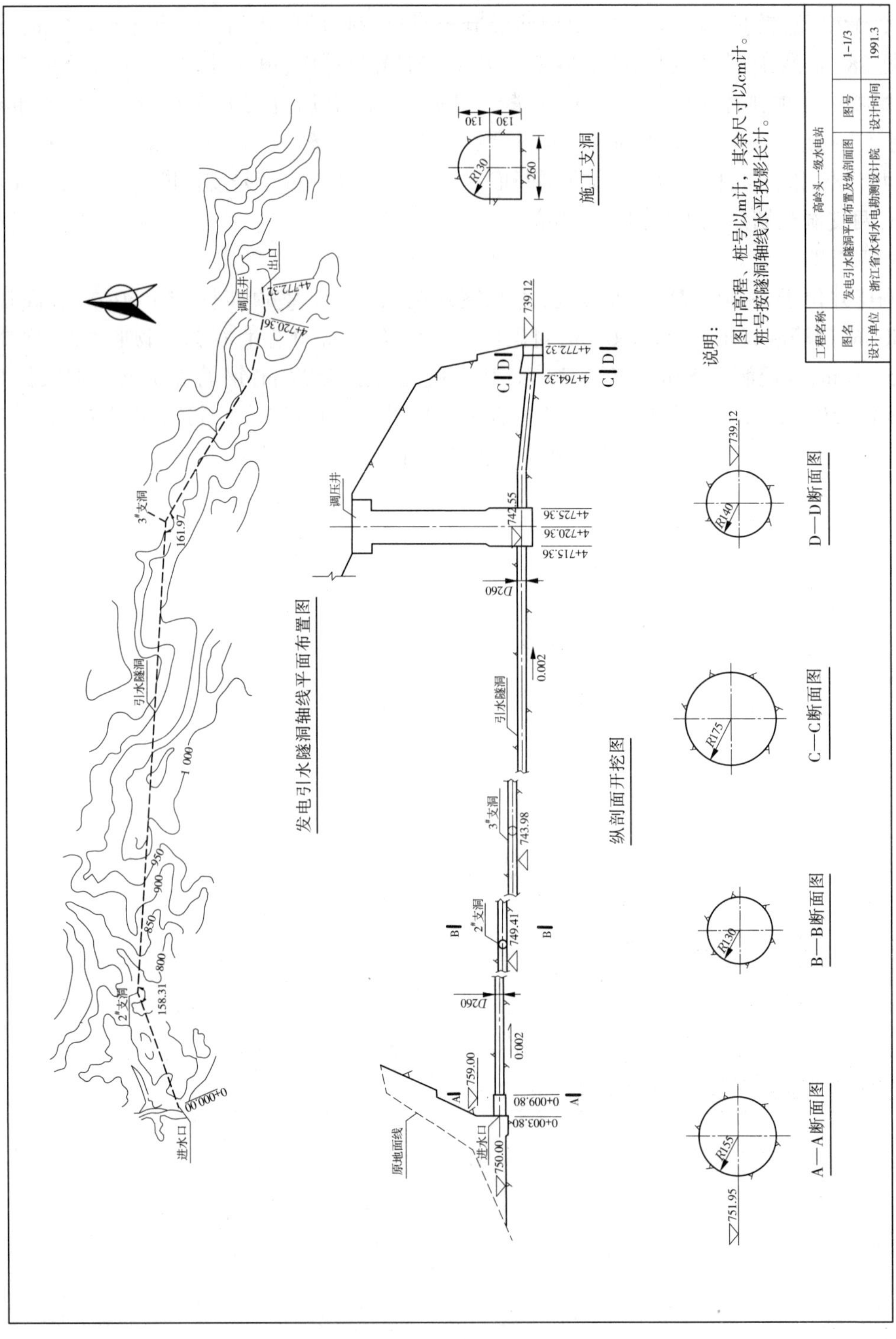

图 3-1 高岭头一级水电站发电引水隧洞平面布置及纵剖视图

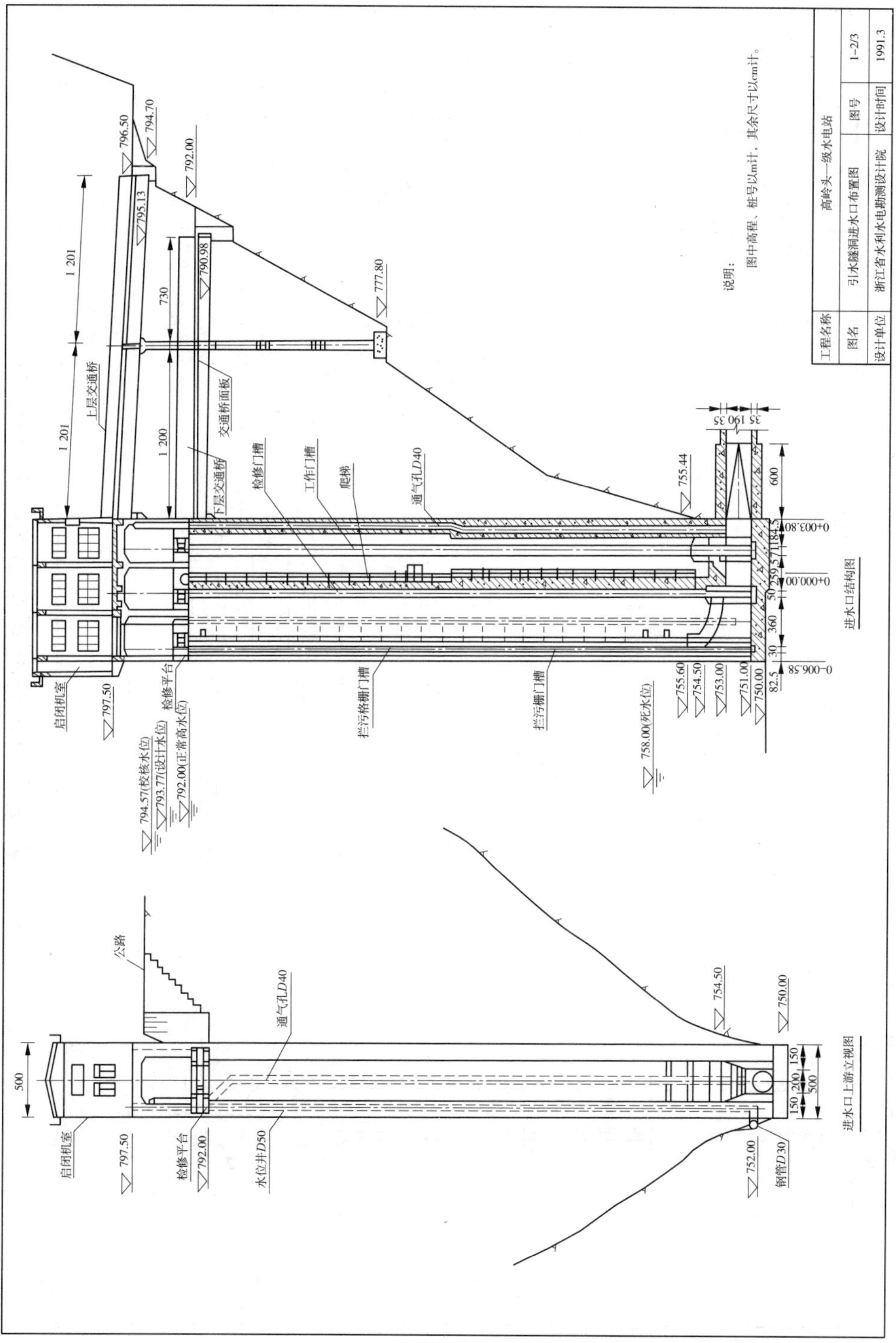

图 3-2 高岭头一级水电站发电引水隧洞进水口布置图

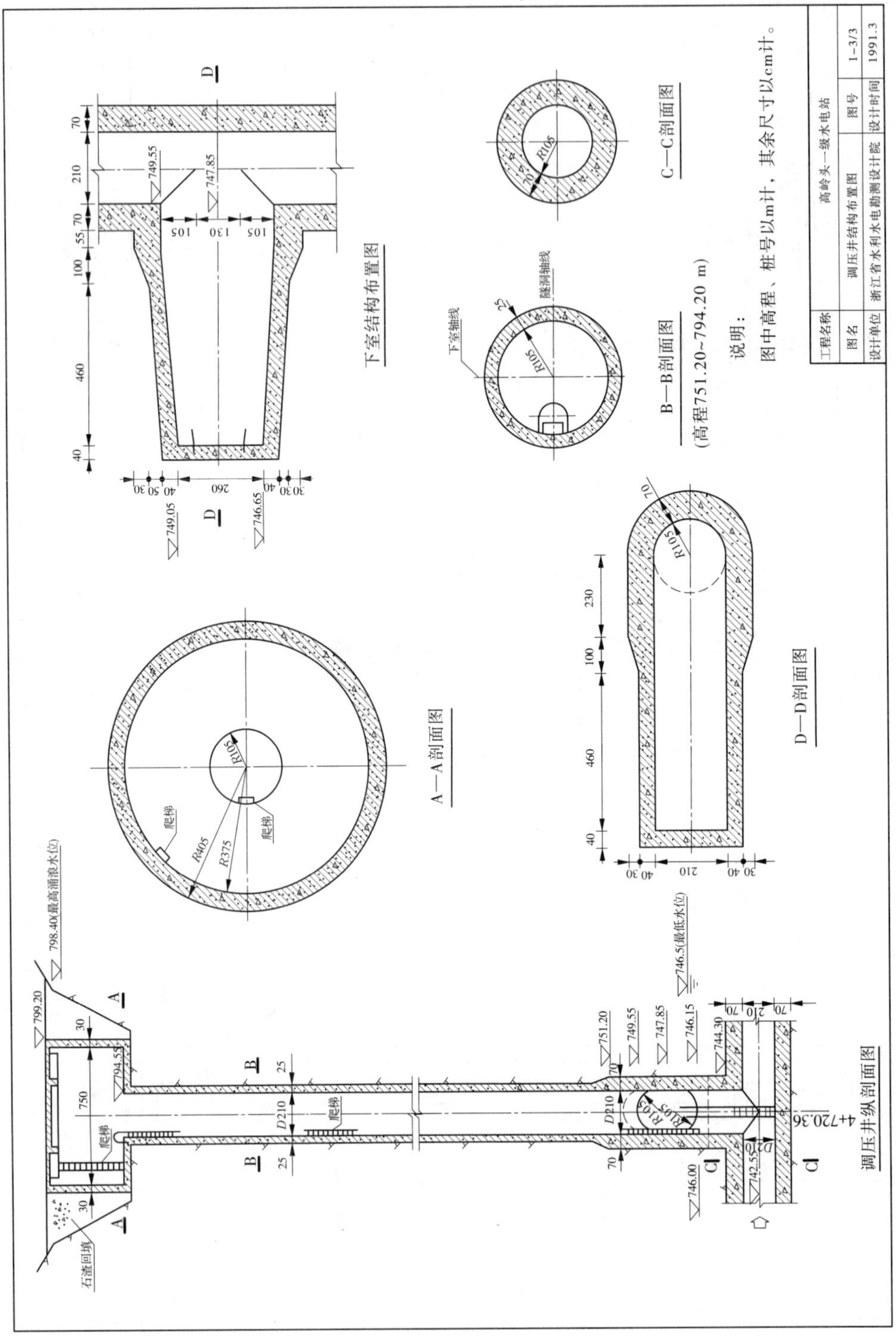

图 3-3 高岭头一级水电站发电引水隧洞调压井结构布置图

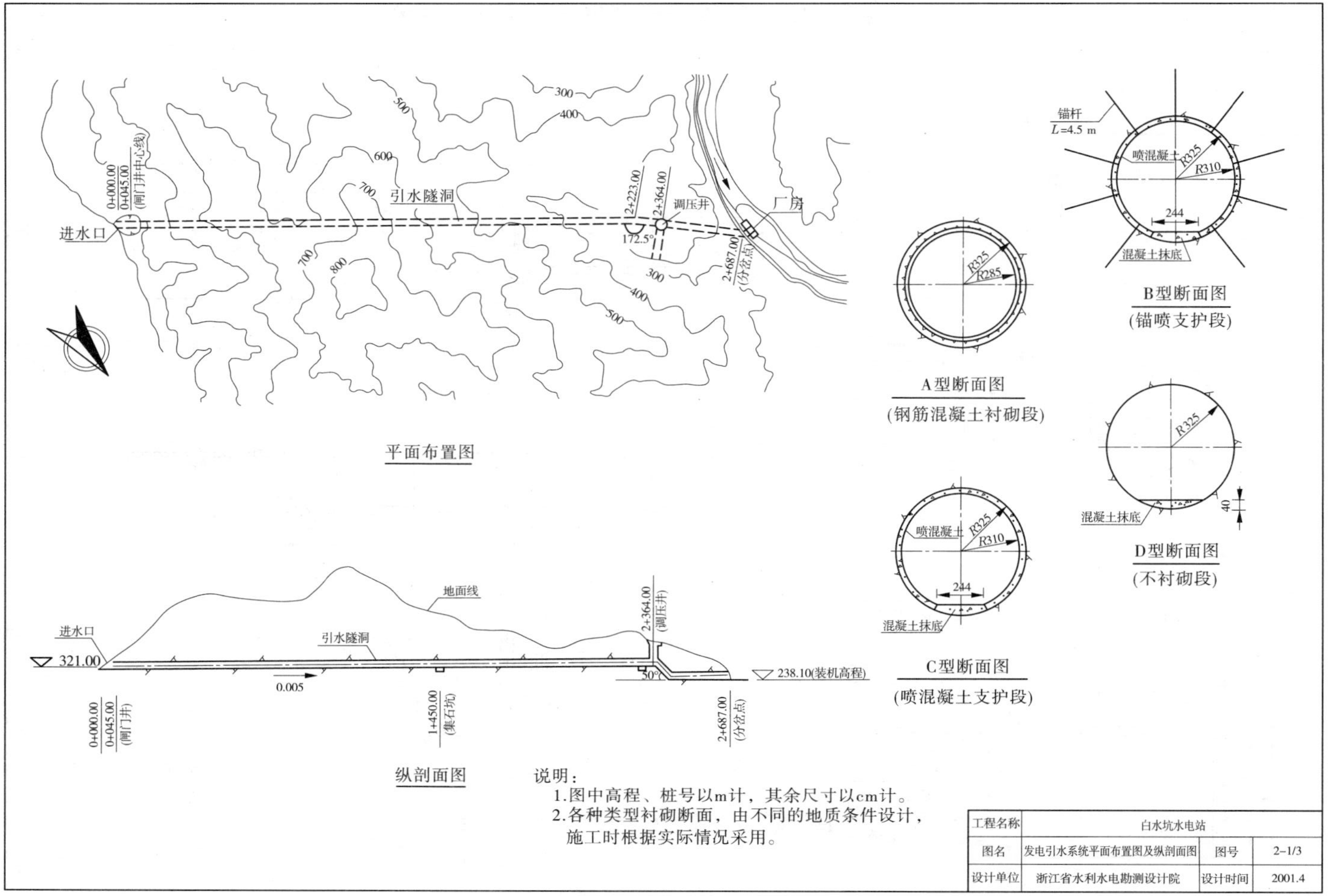

图 3-4 白水坑水电站发电引水系统平面布置图及纵剖面图

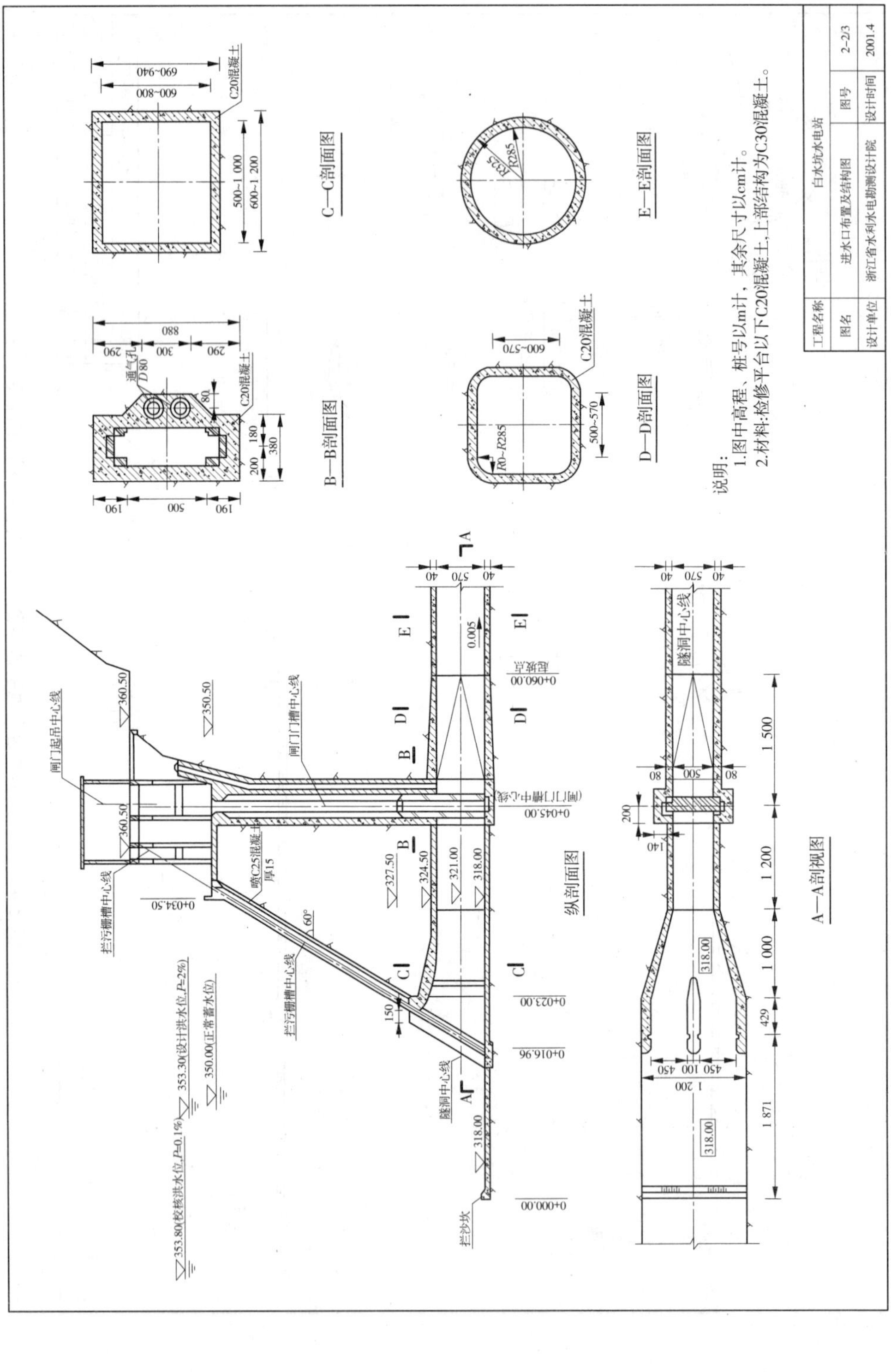

图 3-5 白水坑水电站发电引水系统进水口布置及结构图

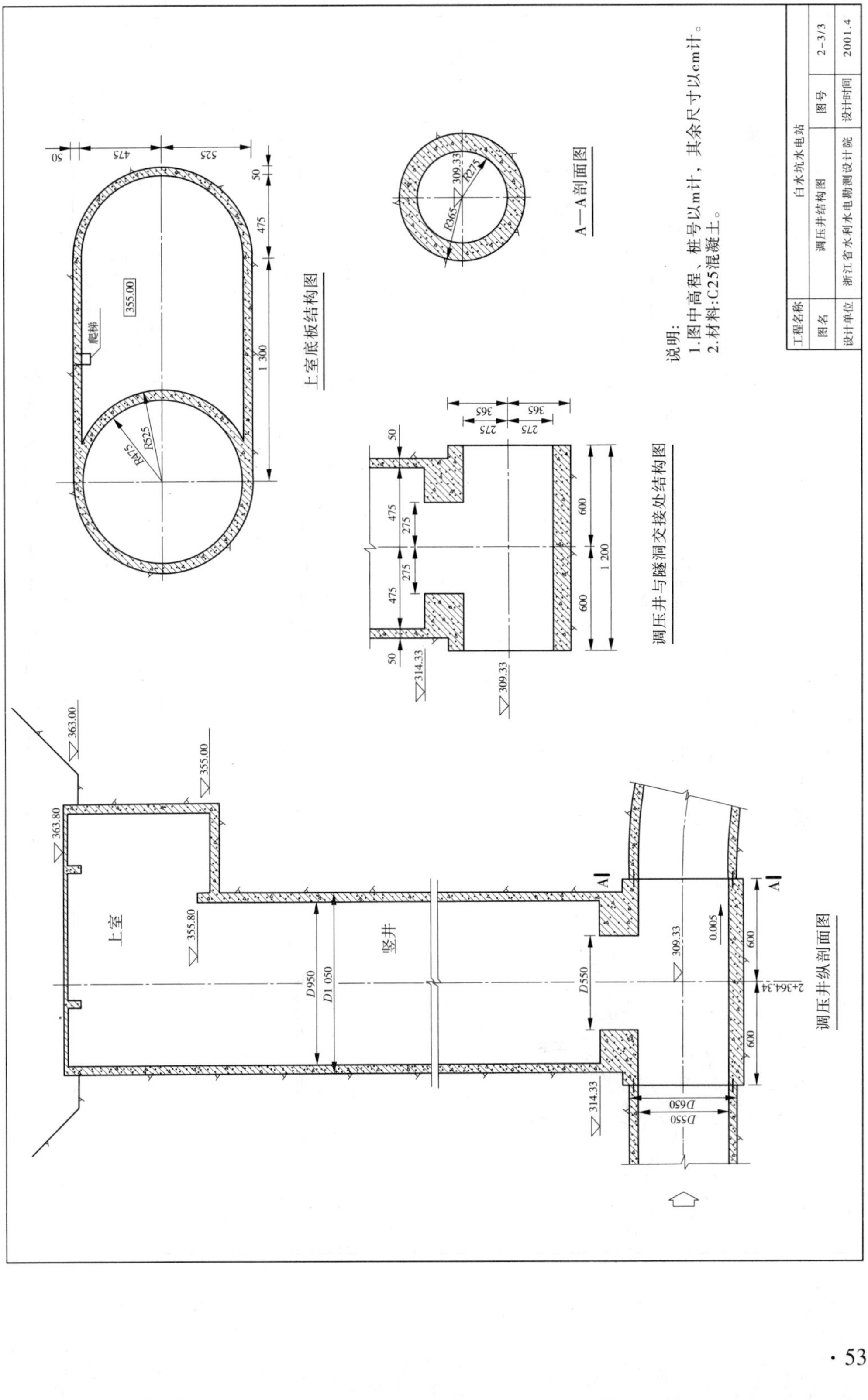

图 3-6　白水坑水电站发电引水系统调压井结构图

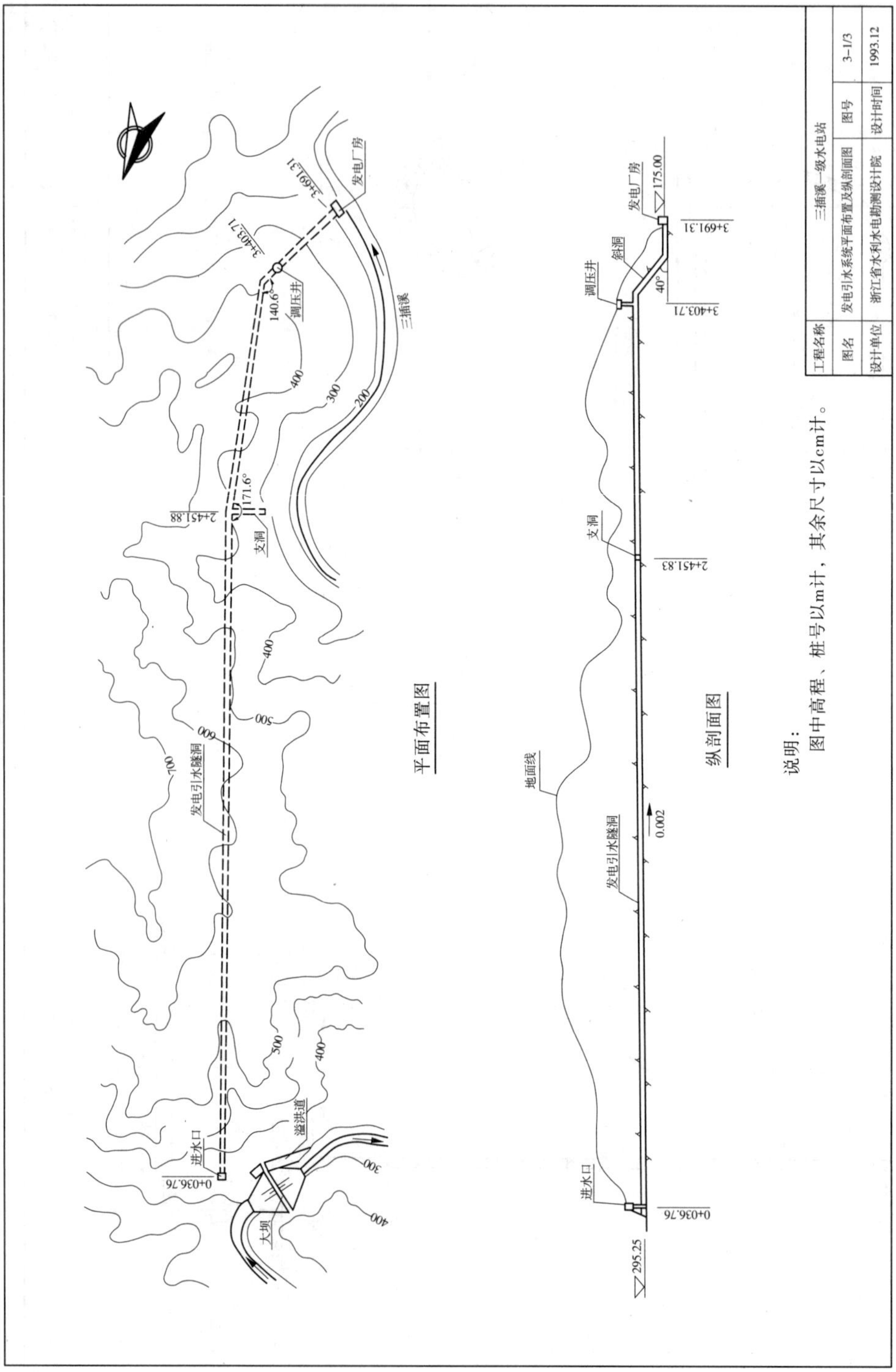

图 3-7 三插溪一级水电站发电引水系统平面布置图及纵剖面图

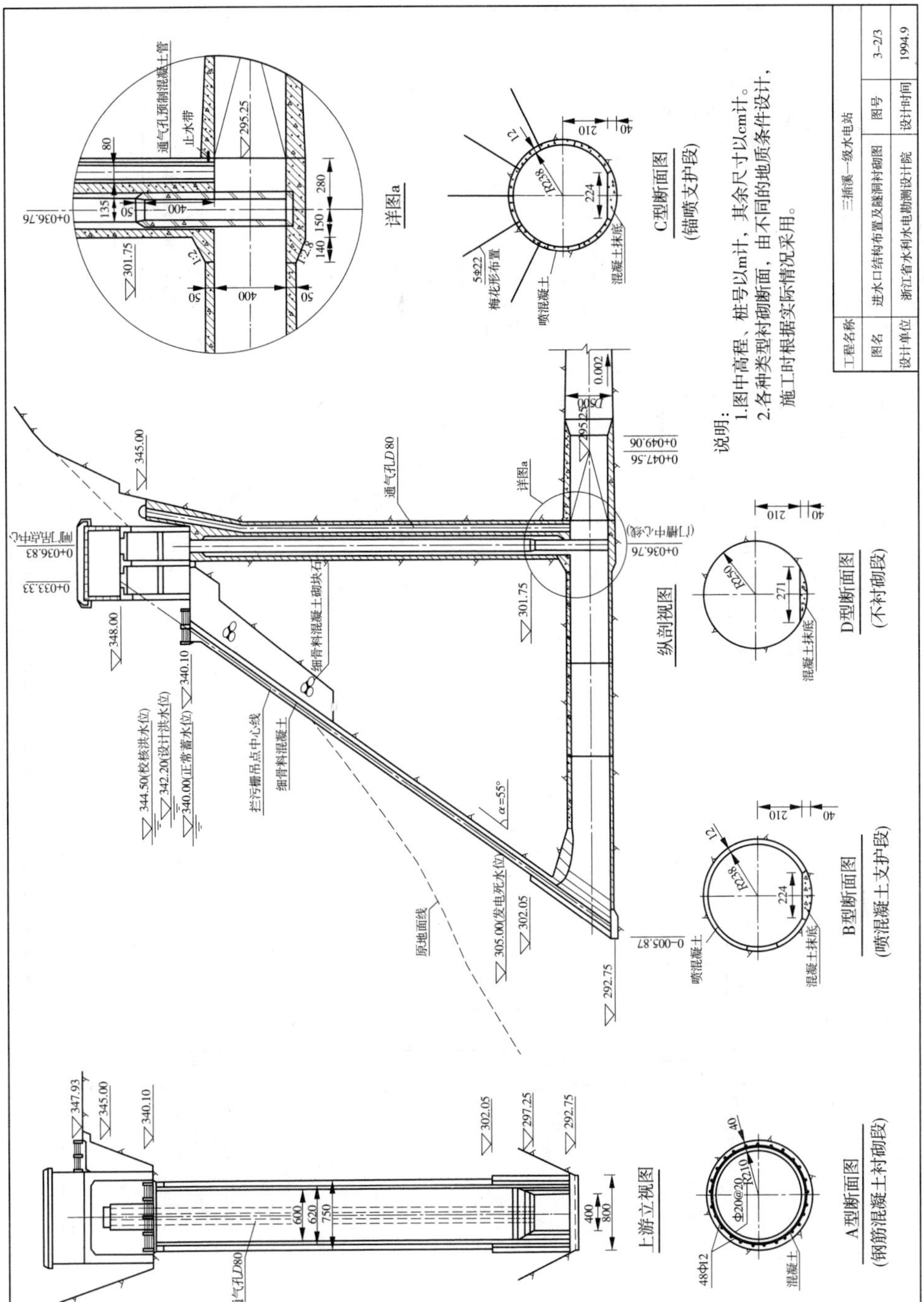

图 3-8 三插溪一级水电站发电引水系统进水口结构布置及隧洞衬砌图

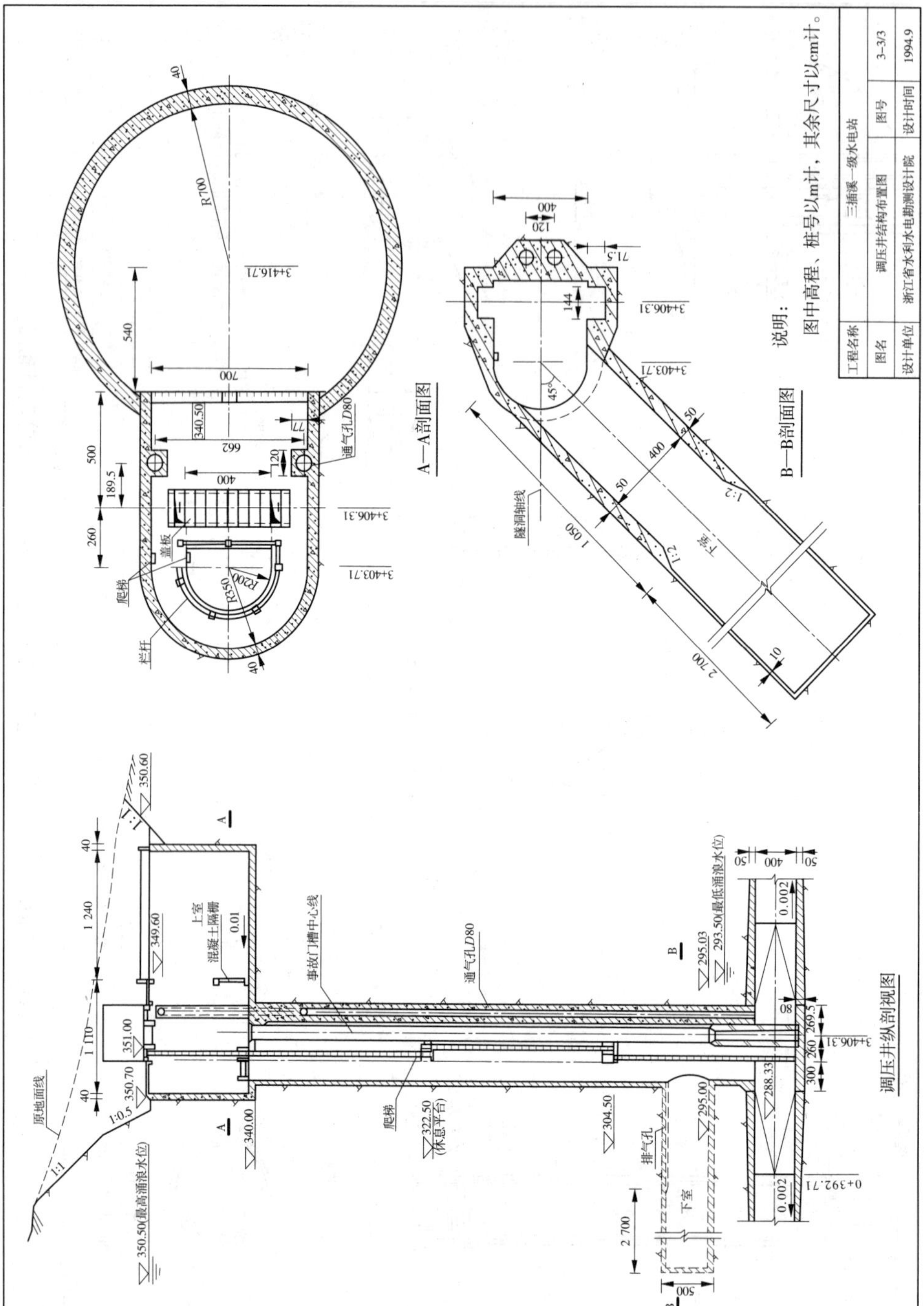

图 3-9　三插溪一级水电站发电引水系统调压井结构布置图

第四章　泄水建筑物识读

泄水建筑物是用以排放多余水量、泥沙和冰凌等的水工建筑物。泄水建筑物具有安全排洪，放空水库的功能。对于水库、江河、渠道或前池等的运行起太平门的作用，也可用于施工导流。溢洪道、溢流坝、泄水孔、泄水隧洞等是泄水建筑物的主要形式。和坝结合在一起的称为坝体泄水建筑物；设在坝身以外的常统称为岸边泄水建筑物。泄水建筑物是水利枢纽的重要组成部分。其造价常占工程总造价的很大部分。

第一节　水闸概述

水闸是修建在河道和渠道上利用闸门控制流量和调节水位的低水头水工建筑物。关闭闸门可以拦洪、挡潮或抬高上游水位，以满足灌溉、发电、航运、水产、环保、工业和生活用水等需要；开启闸门，可以宣泄洪水、涝水、弃水或废水，也可对下游河道或渠道供水。在水利工程中，水闸作为挡水、泄水或取水的建筑物，应用广泛。

一、水闸的类型

（一）按水闸所承担的任务分类

（1）进水闸（取水闸）。在江、湖、水岸的岸边兴建，常位于引水渠道首部，引取水流。

（2）节制闸（拦河闸）。拦河兴建，调节上游水位，控制下泄流量。

（3）冲沙闸。静水通航，动水冲沙，减少含沙量，防止淤积。用于排除进水闸或节制闸前淤积的泥沙，常建在进水闸一侧的河道上与节制闸并排布置，或建于引水渠内的进水闸旁。

（4）分洪闸。在河道的一侧兴建，分洪泄水、削减洪峰、滞洪。

（5）排水闸（排涝闸、退水闸）。在江河沿岸兴建，作用是排水、防止洪水倒灌。当洼地内有灌溉要求时，也可关门蓄水或从江河引水。具有双向挡水，有时兼有双向过流的特点。

（6）挡潮闸。建于河流入海河口上游地段，防止海潮倒灌。

（7）排冰闸。在堤岸上建的闸，防止冬季冰凌堵塞。

（二）按闸室结构分类

（1）开敞式水闸。闸室露天，又分为有胸墙、无胸墙两种形式。

开敞式水闸，当闸门全开时过闸水流通畅，适用于有泄洪、排冰、过木或排漂浮物等任务要求的水闸，节制闸、分洪闸常用这种形式。

胸墙式的闸室，适用于闸上水位变幅较大或挡水位高于闸孔设计水位，为了减小闸门和工作桥的高度或为控制下泄单宽流量而设胸墙代替部分闸门挡水，挡潮闸、进水闸、泄水闸常用这种形式。如中国葛洲坝泄水闸采用 12 m×12 m 活动平板门胸墙，其下为 12 m

×12 m 弧形工作门,以适应必要时宣泄大流量的需要。

(2)涵洞式水闸。多用于穿堤引(排)水,闸室结构为封闭的涵洞,在进口或出口设闸门,洞顶填土与闸两侧堤顶平接即可作为路基而不需另设交通桥,排水闸多用这种形式。

(三)按操作闸门的动力分类

(1)机械操作闸门的水闸。

(2)水力操作闸门的水闸。

二、水闸的组成及各部分的作用

水闸由闸室、上游连接段、下游连接段三部分组成,如图 4-1 所示。

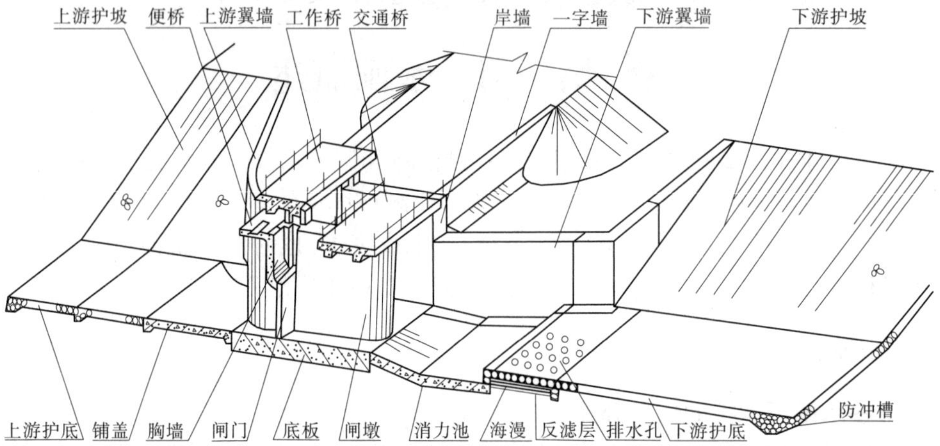

图 4-1 水闸立体示意图

闸室是水闸的主体,包括闸门、闸墩、边墩(岸墙)、底板、胸墙、工作桥、检修便桥、交通桥、启闭机等。闸门用来挡水和控制流量,闸墩用来分隔闸孔和支撑闸门、胸墙、工作桥、检修便桥、交通桥。底板是闸室的基础,将闸室上部结构的重量及荷载传至地基,兼有防渗和防冲的作用。工作桥、交通桥和检修便桥用来安装启闭设备、操作闸门和联系两岸交通。

上游连接段包括两岸的翼墙和护坡及河床部分的铺盖,有时为保护河床免受冲刷还加做防冲槽和护底,上游连接段用以引导水流平顺地进入闸室,保护两岸及河床免遭冲刷,并与闸室等共同构成防渗地下轮廓,确保在渗透水流作用下两岸和闸基的抗渗稳定性。

下游连接段包括护坦、海漫、防冲槽及两岸的翼墙和护坡,用以消除过闸水流的剩余能量,引导出闸水流均匀扩散,调整流速分布和减缓流速,防止水流出闸后对下游的冲刷。

第二节 水闸识读

【例 4-1】 根据图 4-2~图 4-5 对张家沟闸进行识读。

(一)基本情况

张家沟闸室是怀洪新河穿堤交叉建筑物之一,位于安徽省五河县张家沟入新浍河入口处,香涧湖右岸的堤防上,兼有防洪、排涝和引水灌溉等功能。张家沟闸规划设计水位见表 4-1。张家沟闸为 2 级建筑物,共 3 孔,单孔净宽 4.5 m。闸室形式为胸墙式,整体式低堰底板。平面钢闸门配卷扬式启闭机。采用底流式消能形式,下游布置消力池、海漫与防冲槽。

表 4-1 规划设计水位

设计工况	上游侧水位(m)	下游侧水位(m)	流量(m^3/s)
设计排涝	15.57	15.47	106
引水灌溉	13.27	13.37	10
设计防洪	14.87	18.37	
蓄水条件	14.87	12.87	

(二)地基设计

张家沟闸位于老河床上,闸基下有厚 4.07~3.67 m 的淤泥质黏土层,层底高程为 5.40~5.80 m,平均贯入击数约 1.60 击。呈软塑状,很湿,压缩性高,地基承载力也不能满足要求。根据软弱土层的特性及深度,采用水泥粉喷桩加固地基,如图 4-4 所示。粉喷桩设计桩径 0.5 m,桩距 0.90~1.10 m,桩长 5.10~5.70 m。共布置桩 1 113 根,其中闸底板下 649 根,上下游翼墙下 412 根,空箱暗墙下 52 根。

(三)主要结构设计

张家沟闸挡水水位与泄水水位相差较大,故采用胸墙式闸室结构。如图 4-2、图 4-5 所示,闸室长度 14 m,闸底板采用整体平底板上加梯形低堰槛,堰高 0.35 m,顶宽 1 m,下游 1:3坡度与底板连接。底板、闸墩整体式连接。底板厚 0.60 m,中墩厚 0.90 m,边墩厚 0.60 m。

如图 4-3 所示,在靠闸下游侧布置交通桥,桥面宽 6 m,为简支 T 形梁结构,桥面高程 20.37 m。闸门布置在交通桥上游侧,对应位置上方设钢筋混凝土排架及启闭机台。启闭台由两根钢筋混凝土 T 形梁构成,宽 3.50 m,桥面高程 25.62 m,上建启闭机房。

上游翼墙在平面图上由圆弧形与直线形两段构成,为浆砌石重力式结构。墙顶高程 16.07 m,墙体为 M10 浆砌石。下游翼墙采用八字形,顺水流方向长 14 m,扩散角为 9.73°,墙体及底板结构形式与上游翼墙相同。

(四)防渗设计

图 4-2 为张家沟闸纵剖视图,张家沟闸底板坐落在黏性土层上,闸基下砂层埋藏较深,因此采用水平防渗措施。按防洪最大水头差 3.50 m 计,闸基防渗总长度需 20 m。由于闸室底板,铺盖及消力池底板共同构成本闸的水平防渗体,其中铺盖长 9 m,闸基实际防渗长度为 36 m。

张家沟闸承受双向水头,在下游消力池末端和铺盖的上游浆砌石段设置水平反滤排水体,反滤排水体由细砂、粗砂、碎石等组成,反滤层上设排水孔,排距 1 m,孔距 2 m。

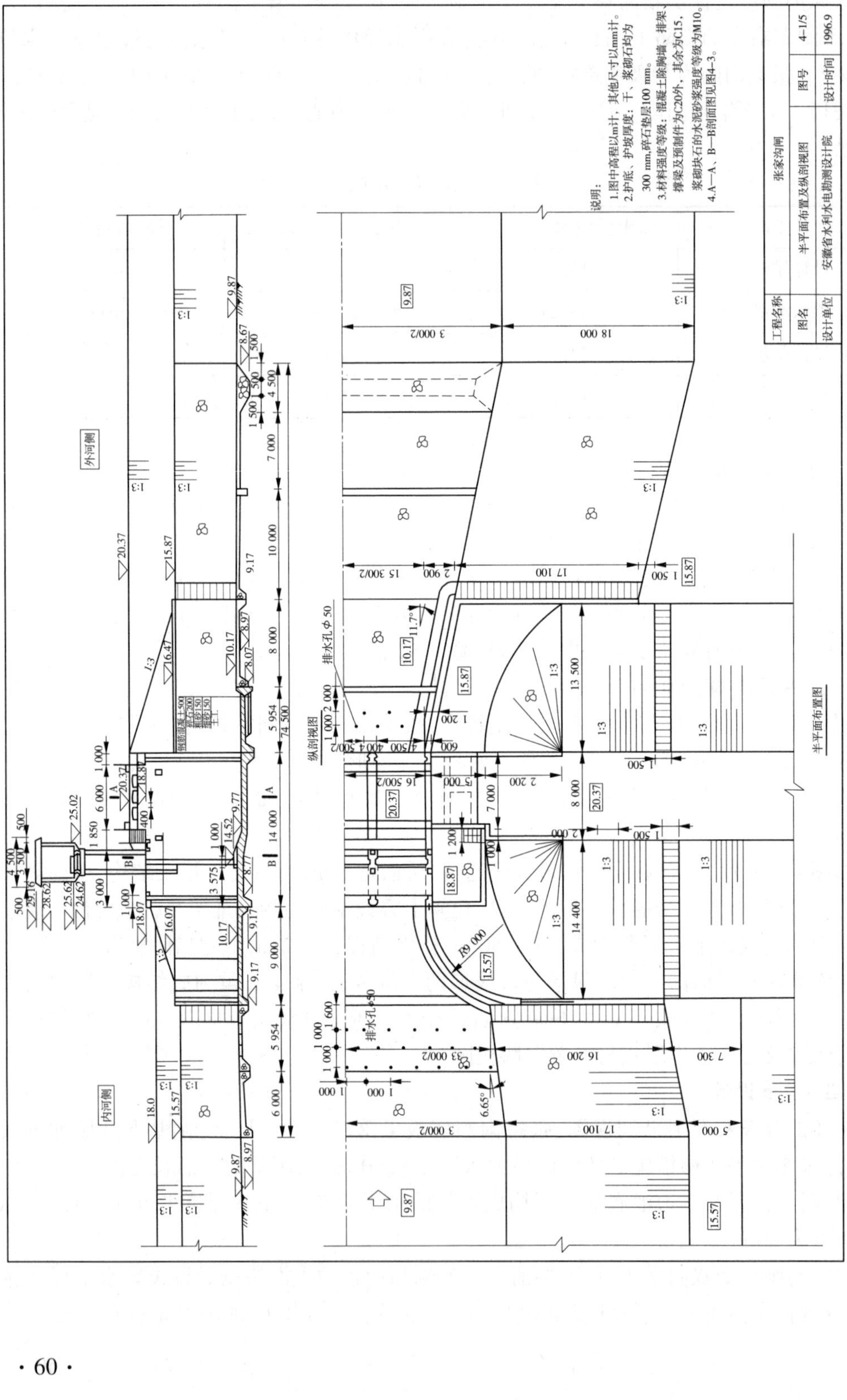

图 4-2 张家沟闸半平面布置图及纵剖视图

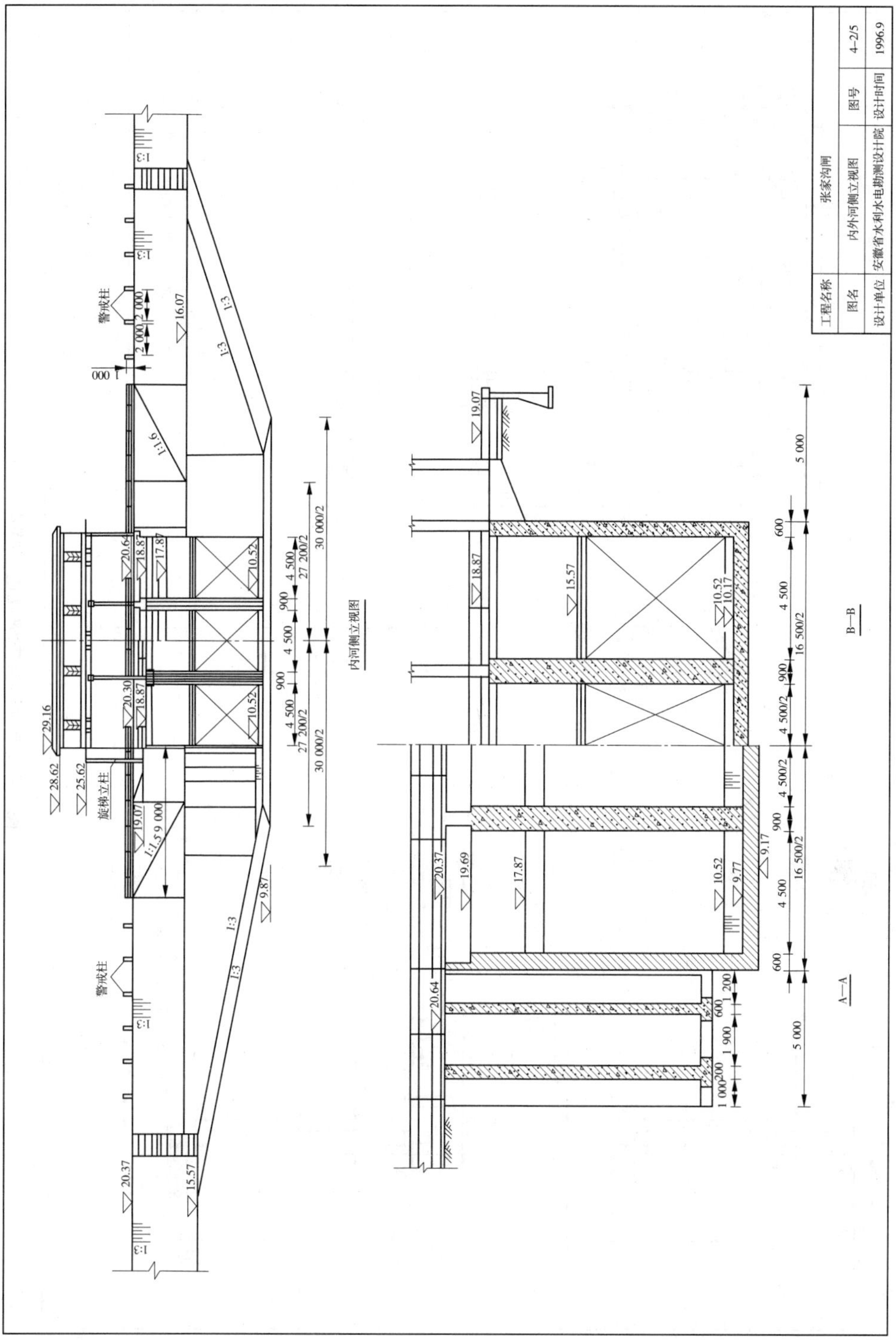

图 4-3　张家沟闸内外河侧立视图

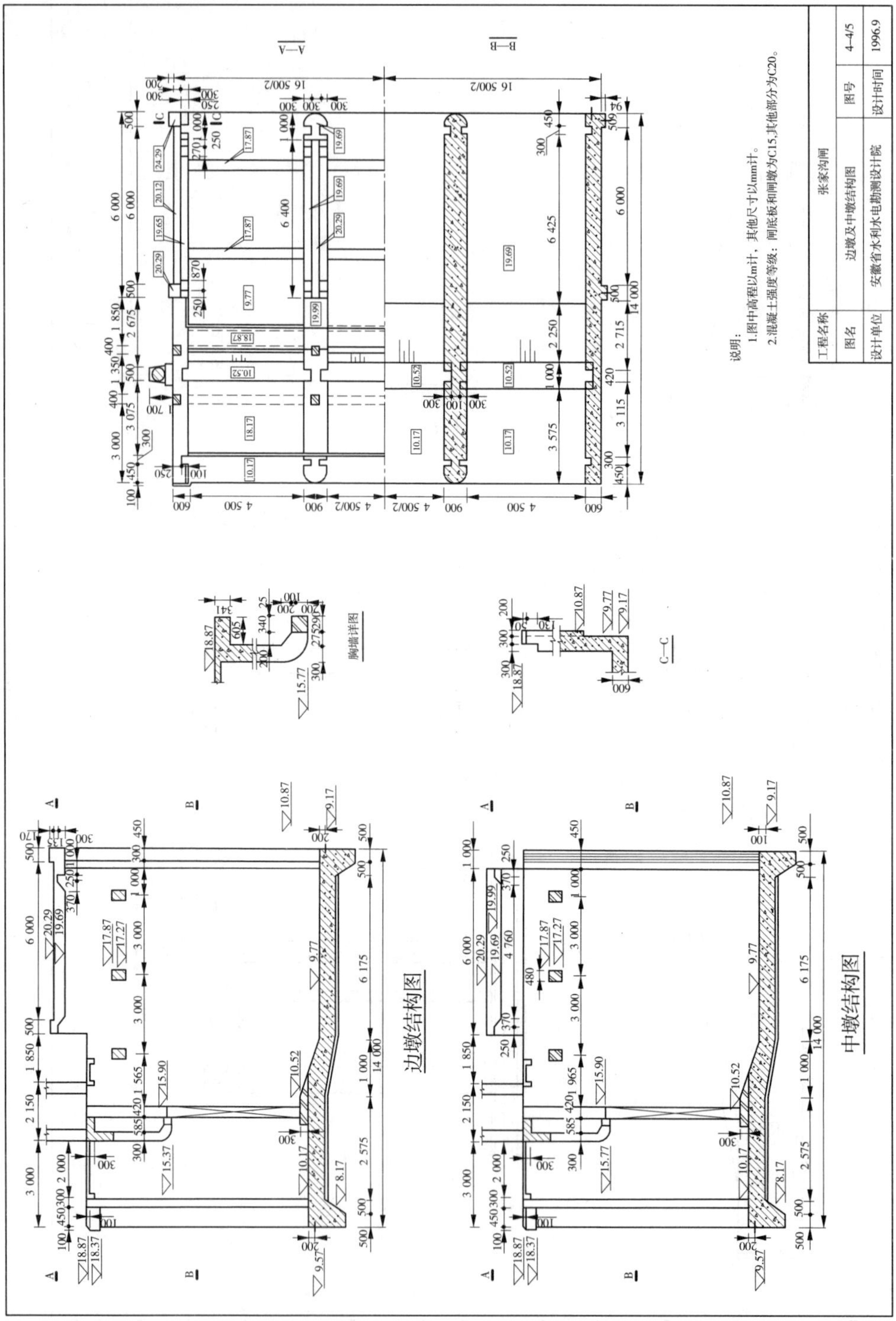

图 4-4 张家沟闸中墩及边墩结构图

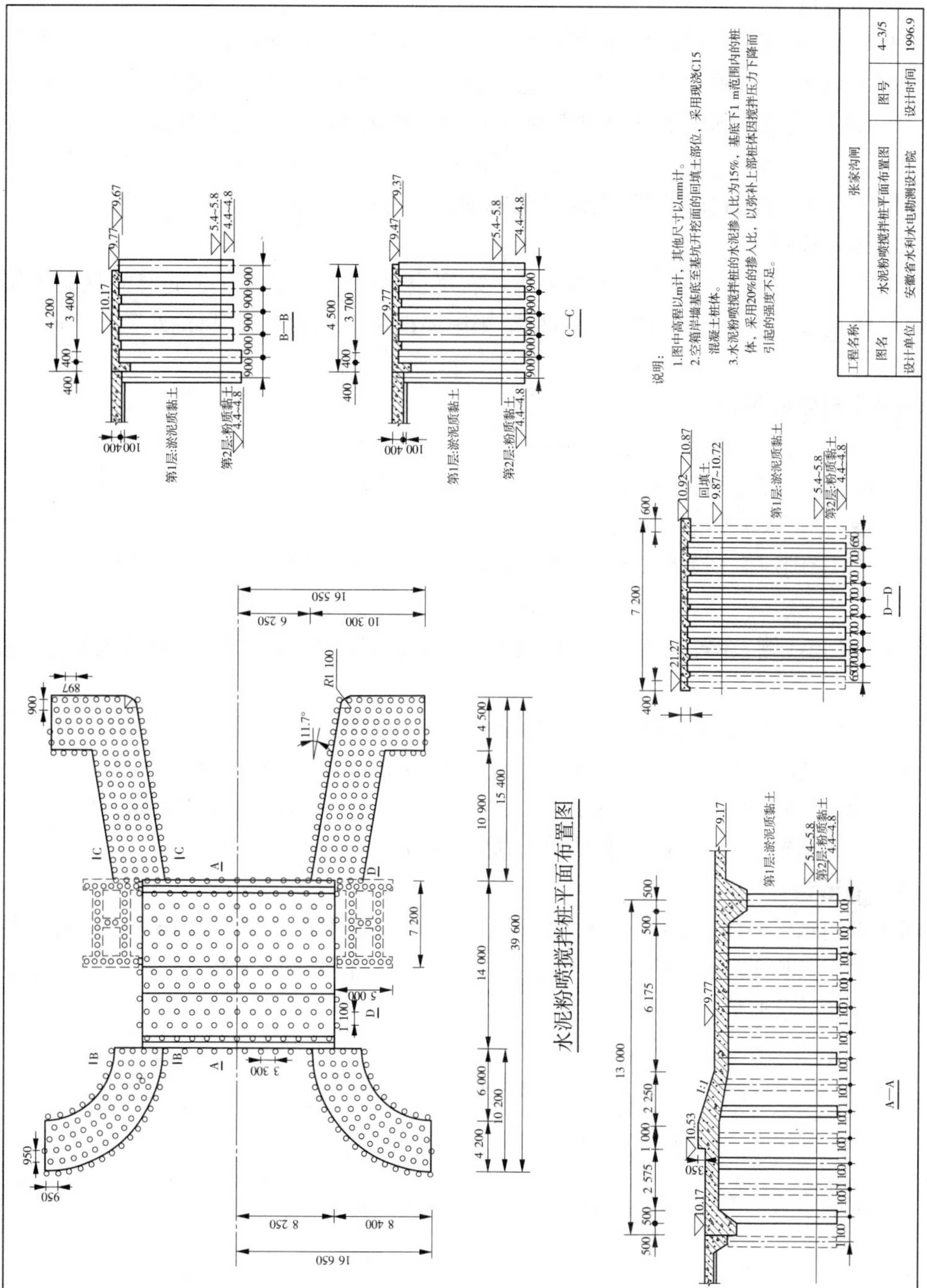

图 4-5　张家沟闸水泥粉喷搅拌桩平面布置图

【例 4-2】 根据图 4-6、图 4-7 对慈湖闸进行识读。

（一）基本情况

慈湖闸位于安徽省马鞍山市慈母山东侧慈湖河出口处，距河口约 1 200 m。慈湖闸为 2 级建筑物，共 5 孔，单孔净宽 5. 50 m。慈湖闸兼有防洪和排涝两大功能。当长江水位达到 11. 05 m 时，就要关闸防洪。防洪期设计水头差达 4. 445 m。当慈湖河流域发生内涝时，应根据流域内降雨等情况开闸排水。闸室形式为胸墙式，闸门为分离式平底闸门。采用平面钢闸门，配卷扬式启闭机，底流式消能形式，下游布置消力墩、海漫与防冲槽。

（二）地基设计

慈湖闸天然地基基本能满足承载要求。右岸空箱岸墙下部约有 3 m 厚的软弱土层，而空箱岸墙上部荷载较大，采用挖除右岸空箱岸墙部位的软弱土层，再浇筑毛石混凝土基础等措施。

（三）主要结构设计

如图 4-6 所示，慈湖闸闸室长度 16 m，闸底板顶面高程 5. 0 m。底板形式为隔跨分缝的筏式基础，齿形搭接分缝，大底板宽 8. 80 m，小底板宽 4. 20 m，底板厚 0. 70 m。慈湖闸中墩厚 1 m，边墩厚 0. 70 m。中墩上、下游均为半圆形。

在上游（慈湖河侧）设置检修门槽和检修便桥，墩顶设钢筋混凝土排架以支承启闭机台。

在下游（长江侧）布置交通桥，桥面宽 6 m，公路桥结构形式为钢筋混凝土整体式简支板。

闸室岸墙为钢筋混凝土空箱式结构，顺水流方向与闸室长度相同，垂直水流方向的边墩与侧墙的厚度均为 0. 70 m，空箱净宽 5 m，空箱的上游侧布置桥头堡。

上、下游翼墙后均设置平台，平台顶面高程 10. 00 m。墙顶高程 11. 30 m，墙体为 C10 浆砌石重力式结构，底板为 C15 素混凝土，厚 0. 40 m。

（四）防渗设计

闸基采用水平防渗，闸基防渗长度需 31. 15 m。闸室不透水底板长 16 m，慈湖河侧钢筋混凝土水平段长 15 m，其中 7 m 下设反滤层，长江侧钢筋混凝土护坦（兼作防渗铺盖）长 20 m，闸室实际水平防渗长度为 44 m。

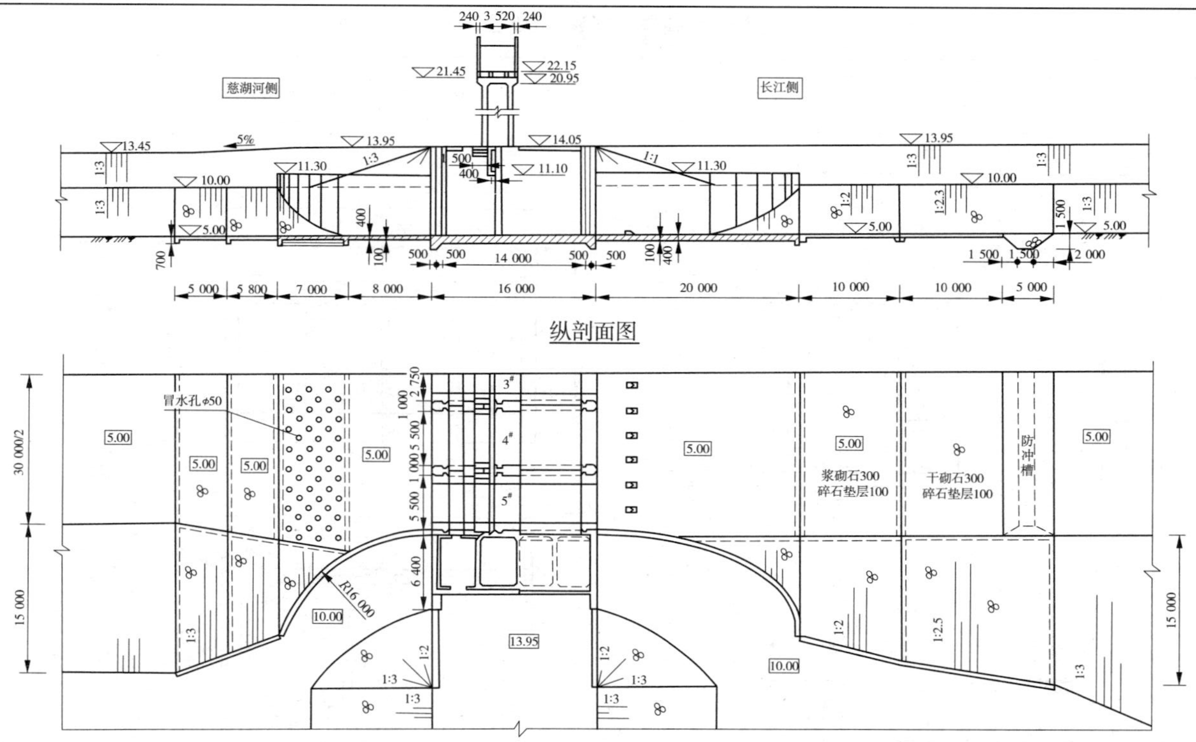

半平面图

说明：

1.图中高程以m计，其他尺寸以mm计。

2.护底、护坡的干、浆砌石厚度均为300 mm，碎石垫层100 mm。

3.材料：闸室主体结构均为C20钢筋混凝土，护底、护坡为M5浆砌石。

4.底槛二期混凝土深度0.2 m。

工程名称	慈湖闸		
图名	半平面及纵剖面图	图号	12–1/5
设计单位	安徽省水利水电勘测设计院	设计时间	1999.10

图 4-6　慈湖闸半平面图及纵剖面图

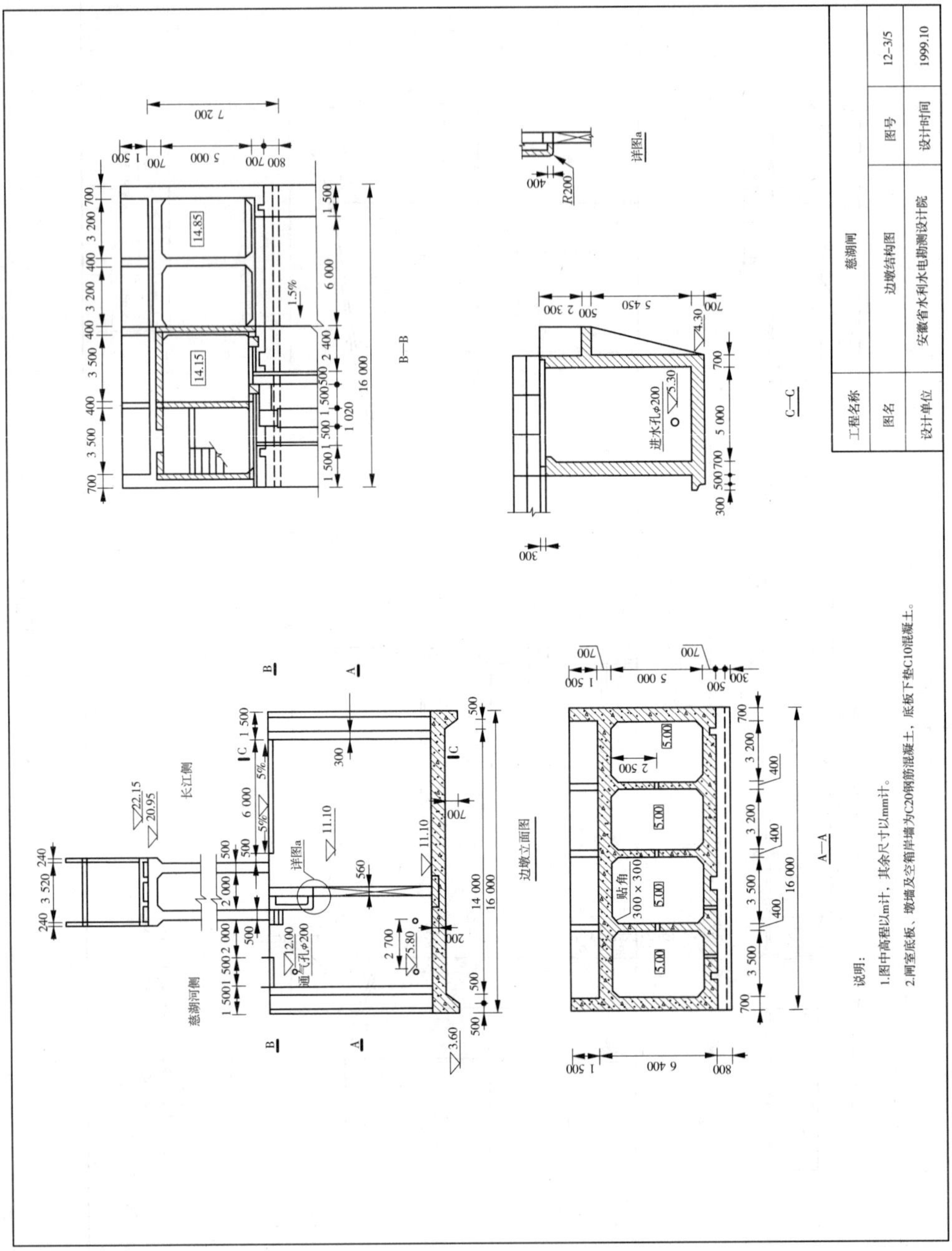

图 4-7　慈湖闸边墩结构图

第三节　渡槽概述

一、渡槽

渡槽，指输送渠道水流跨越河渠、溪谷、洼地和道路的架空水槽，主要用砌石、混凝土及钢筋混凝土等材料建成。

二、渡槽的类型

渡槽按槽身断面形式分有 U 形、矩形及抛物线形，如图 4-8 所示。

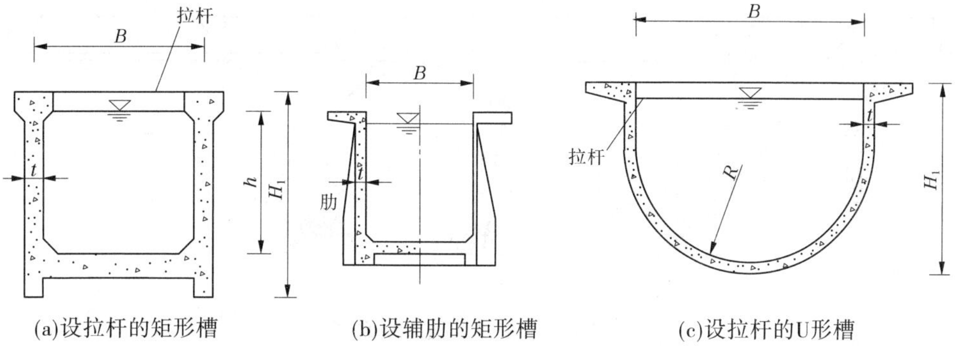

图 4-8　矩形及 U 形槽身断面形式

渡槽按其支承结构的形式，可分为梁式渡槽、拱式渡槽及桁架式渡槽等。

(一)梁式渡槽

梁式渡槽的槽身置于槽墩或槽架上，因其纵向受力与梁相同，故称为梁式渡槽，如图 4-9 所示。梁式渡槽的槽身根据其支承位置的不同，可分为简支梁式、双悬臂梁式[见图 4-10(a)]、单悬臂梁式[图 4-10(b)]和连续梁式等几种形式。

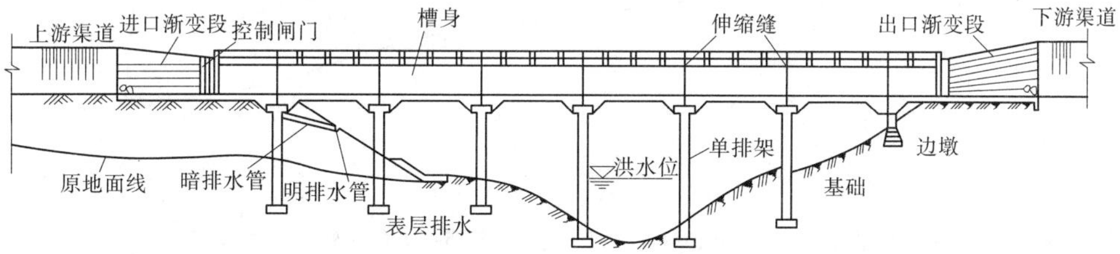

图 4-9　梁式渡槽纵剖面图

(二)拱式渡槽

拱式渡槽是指槽身置于拱式支承结构上的渡槽。其支承结构由槽墩、主拱圈、拱上结构组成，拱式渡槽主拱圈的结构形式，可分为板拱(见图 4-11)、肋拱(见图 4-12)和双曲拱等拱式渡槽；按材料又可分为砌石、混凝土和钢筋混凝土等拱式渡槽。

(三)双曲拱渡槽

双曲拱渡槽主要由拱肋、拱波和横系梁(或横隔板)等部分组成，如图 4-13 所示。因

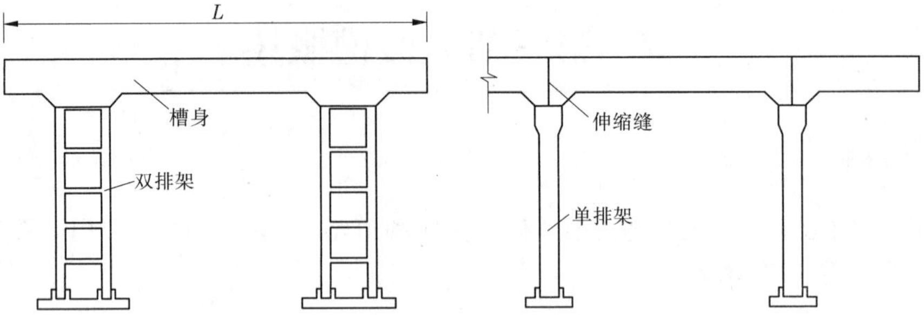

(a)双悬臂梁式　　(b)单悬臂梁式

图 4-10　悬臂梁式渡槽

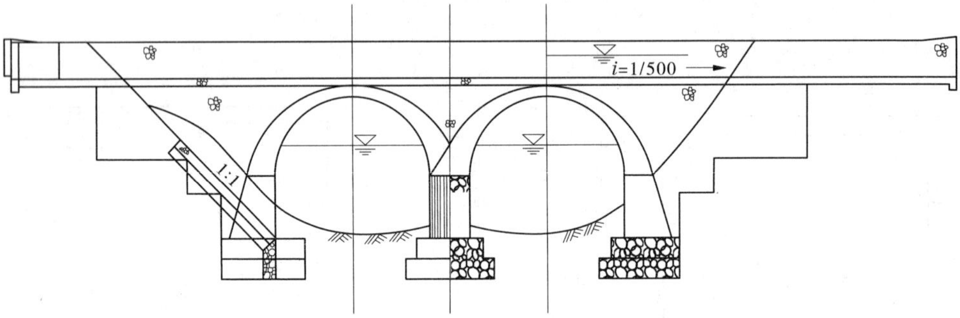

图 4-11　板拱渡槽纵断面图

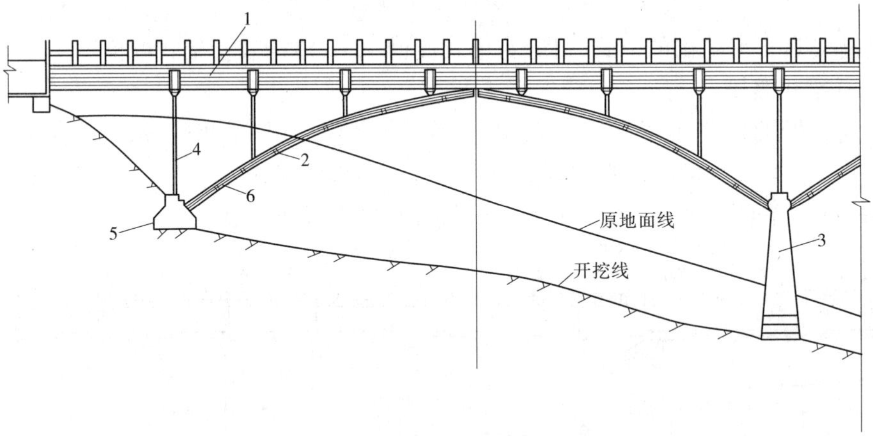

1—U 形槽身;2—肋拱圈;3—槽墩;4—支撑排架;5—块石拱座;6—横向联系梁

图 4-12　肋拱渡槽

主拱圈沿纵向是拱形,其横截面也是拱形,故称为双曲拱渡槽。双曲拱渡槽能够充分发挥材料的抗压性能,具有较大的承载能力,节省材料,造型美观,主拱圈可分块预制吊装施工,一般适用于修建大跨度渡槽。

三、渡槽的细部结构

渡槽由进出口建筑物、槽身、支承结构和基础等部分组成。

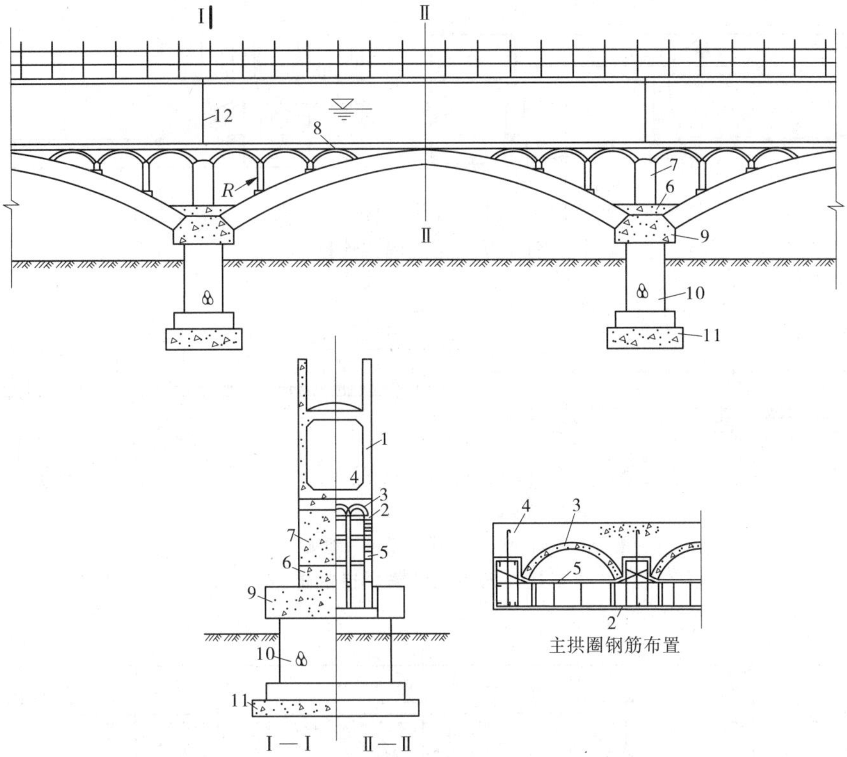

1—槽身；2—拱肋；3—横向拱圈；4—主拱圈；5—横系梁；6—护拱；

7—腹孔支墩；8—腹孔拱圈；9—墩帽；10—支墩；11—支墩基础；12—伸缩缝

图 4-13　双曲拱渡槽

(一)进出口建筑物

进出口建筑物主要包括进出口渐变段、连接段、槽身与上下游渠道连接等建筑物，如图 4-14~图 4-17 所示。

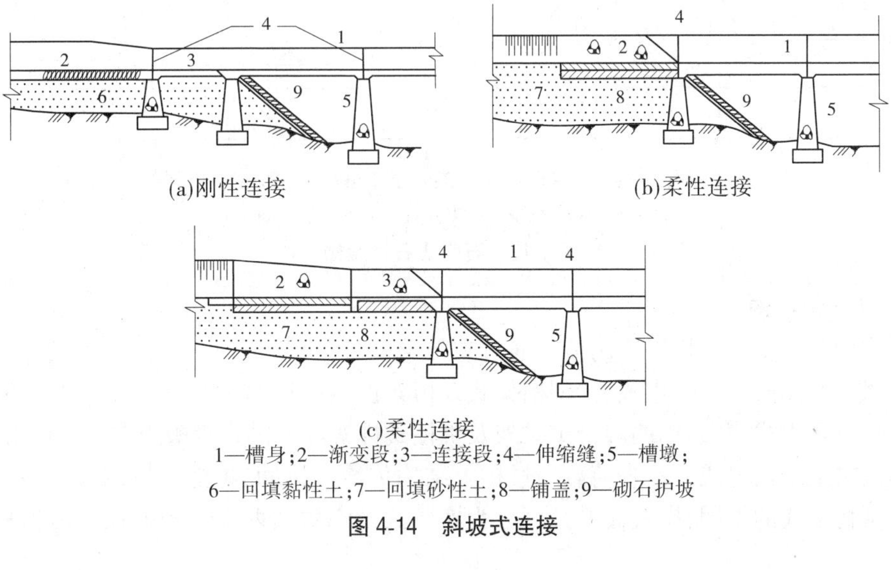

(a)刚性连接　(b)柔性连接

(c)柔性连接

1—槽身；2—渐变段；3—连接段；4—伸缩缝；5—槽墩；

6—回填黏性土；7—回填砂性土；8—铺盖；9—砌石护坡

图 4-14　斜坡式连接

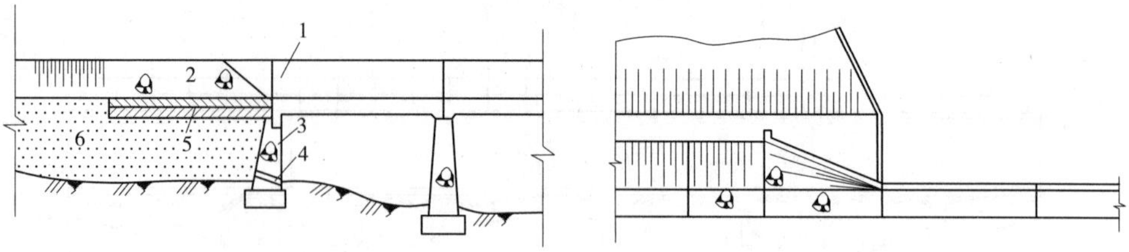

1—槽身;2—渐变段;3—挡土墙;4—排水孔;5—铺盖;6—回填砂性土

图 4-15　挡土墙式连接

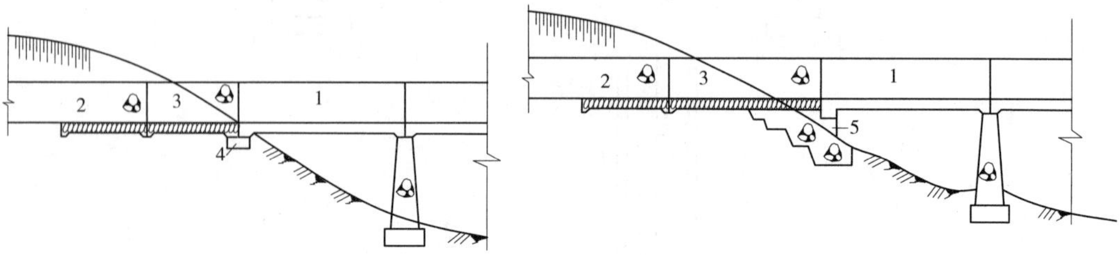

1—槽身;2—渐变段;3—连接段;4—地梁;5—挡土墙

图 4-16　槽身与挖方渠道的连接

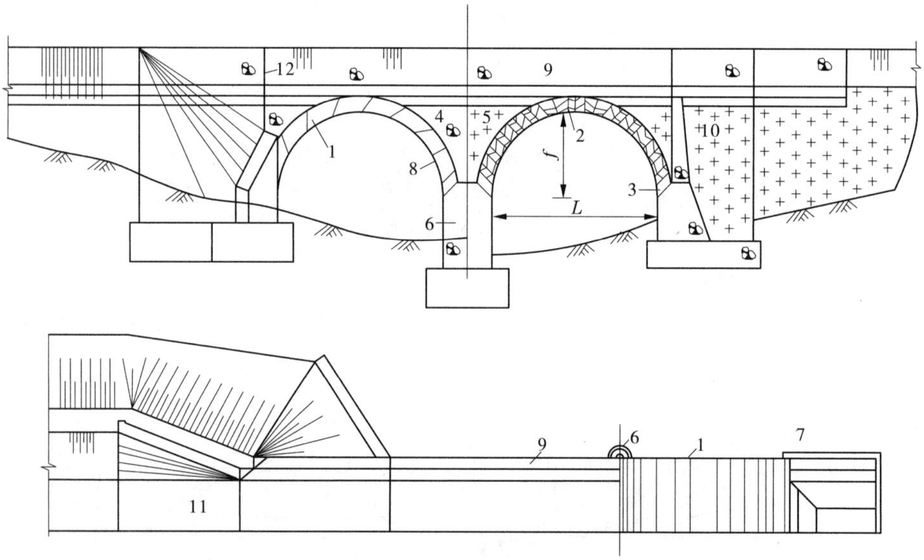

1—拱圈;2—拱顶;3—拱脚;4—边墙;5—拱上填料;6—槽墩;7—槽台;

8—排水管;9—槽身;10—垫层;11—扭面;12—变形缝

图 4-17　石腹式石拱渡槽

(二)支承结构

其作用是将支承结构以上的荷载通过它传给基础,再传至地基。按支承结构形式的不同,可将渡槽分为梁式、拱式、梁型桁架式及桁架拱(或梁)式和斜拉式等。梁式渡槽的支承结构有重力式槽墩、钢筋混凝土排架及桩柱式排架等。拱式渡槽的支承结构由墩台、主拱圈及拱上结构组成。槽身荷载通过拱上结构传给主拱圈,再由主拱圈传给墩台。根据拱上结构形式的不同,拱式渡槽又可分为实腹式及空腹式两类。桁架拱式渡槽按结构特征和槽身在桁架拱上位置的不同,可分为上承式、下承式、中承式和复拱式四种。斜拉式渡槽支承结构由塔架与塔墩(或承台)组成,并由固定在塔架上的斜拉索悬吊槽身。

(1)槽墩式:槽墩一般为重力式,包括实体墩和空心墩两种形式,如图 4-18 所示。渡槽与两岸连接时,常用重力式槽墩,简称为槽台,如图 4-19 所示。

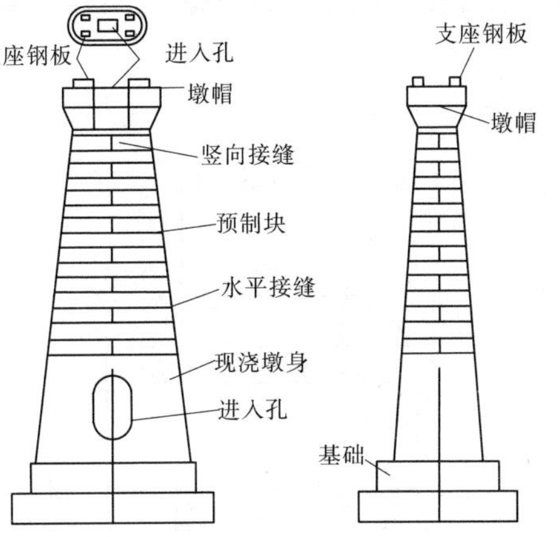

(a)浆砌石实体墩　(b)空心重力墩

图 4-18　槽墩形式

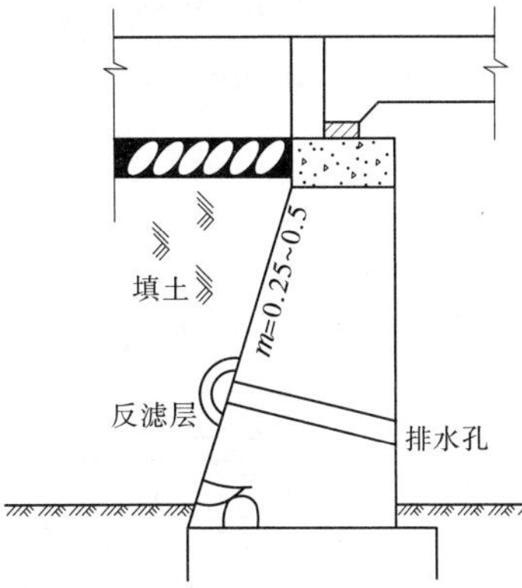

图 4-19　重力式槽墩(槽台)

(2)排架式:排架一般为钢筋混凝土排架结构,主要有单排架、双排架、A 字形排架和组合式槽架等形式,如图 4-20 所示。①单排架。是由两根支柱和横梁所组成的多层钢架结构,具有体积小、重量轻、可现浇或预制吊装等优点。②双排架。由两个单排架及横梁组合而成,属于空间框架结构。在较大的竖向或水平荷载作用下,其强度、稳定性及地基应力均较单排架容易满足要求,可适应较大的高度。③A 字形排架。常由两片 A 字形单排架组成,其稳定性能好,适应高度大,但施工较复杂,造价也较高。④组合式槽架。适用于跨越河道主河槽部分,在最高洪水位以下为重力式墩,其上为槽架,槽架可为单排架,也可为双排架。

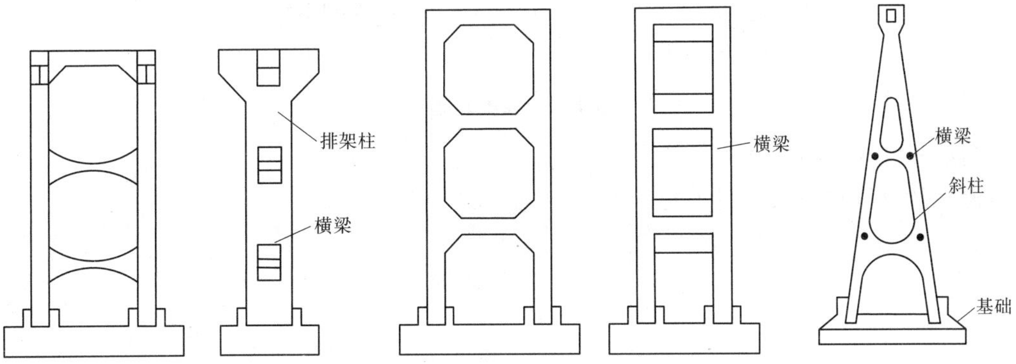

(a)　(b)　(c)

图 4-20　排架形式

(三)基础

渡槽基础是将渡槽的全部重量传给地基的底部结构。渡槽基础的类型较多,按埋置深度可分为浅基础和深基础,按结构形式可分为刚性基础、整体板式基础、钻孔柱基础和沉井基础等。

渡槽的浅基础一般采用刚性基础及整体板式基础(亦称为柔性基础),深基础多为柱基础和沉井基础等,如图 4-21 所示。

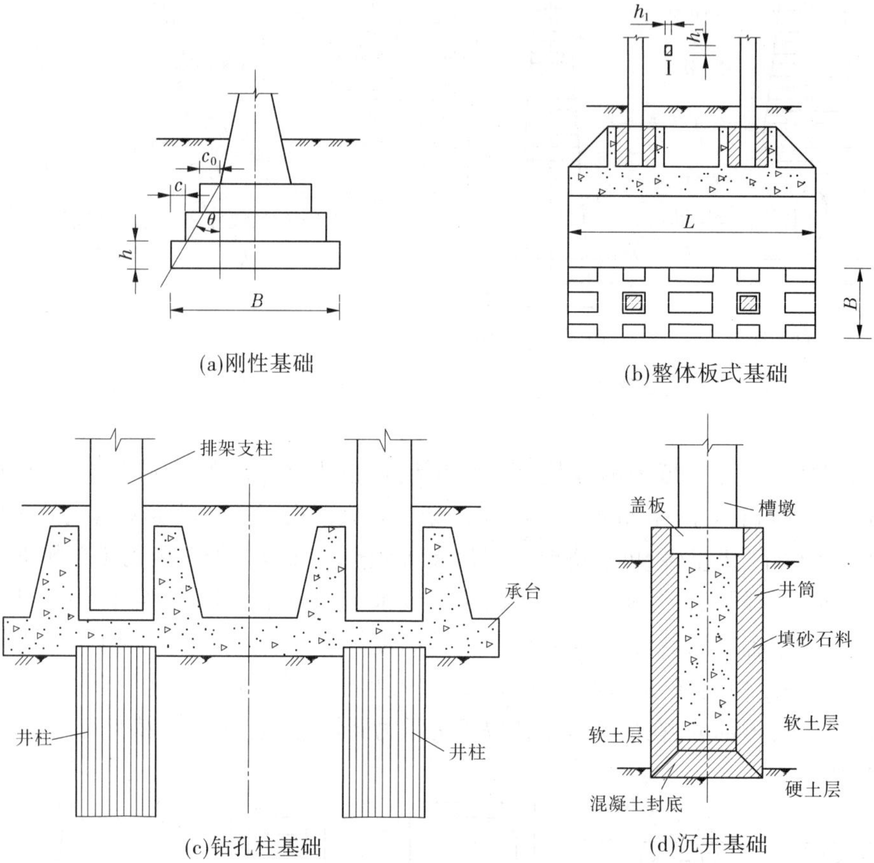

(a)刚性基础　(b)整体板式基础　(c)钻孔柱基础　(d)沉井基础

图 4-21　渡槽基础

(四)分缝和止水

渡槽的分缝和止水如图 4-22 所示。

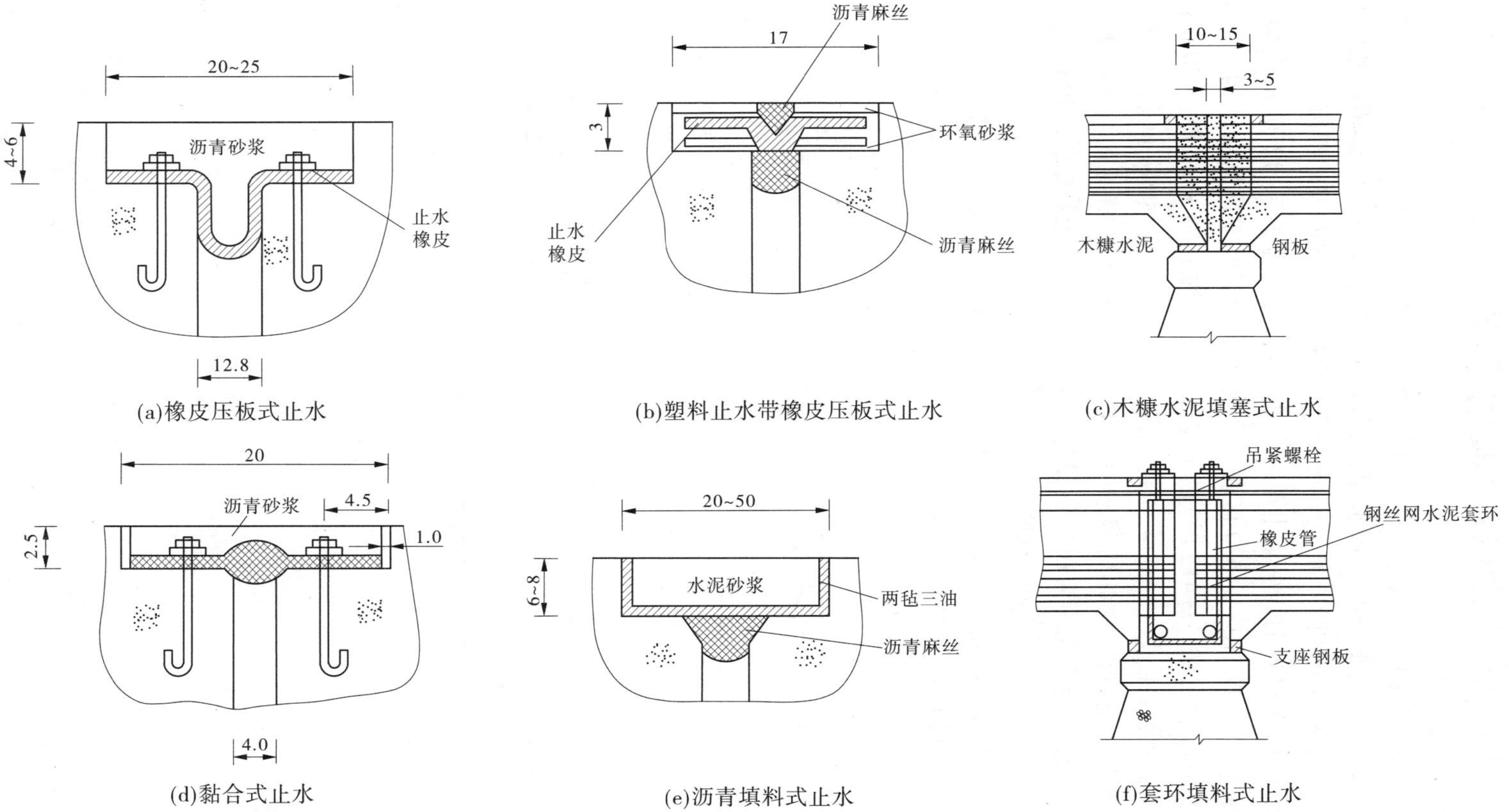

图 4-22 槽身接缝止水结构 （单位：cm）

第四节 渡槽识读

【例 4-3】 根据图 4-23、图 4-24 对三亚赤田渡槽进行识图。

赤田水库灌溉渠道起点位于三亚赤田水库，由多段明渠、箱涵及架空渡槽组成。其中，渡槽建于 1995 年，分为四个区段。渡槽槽身采用带拉杆 U 形截面钢筋混凝土简支梁式渡槽，跨度 10 m。渡槽支架为钢筋混凝土单跨平面框架，高度为 1.5～12.0 m，支架沿高度方向布置有横向连梁。2+510～2+530 区段三个支架采用多层双向框架结构。藤桥段渡槽（0+388～2+970 段、3+280～3+415 段）槽身宽 2.3 m、高约 1.72 m、壁厚约 70 mm，槽壳内半径约为 0.9 m，设计流量 2.5 m^3/s，设计流速 1.03 m/s，槽身顶部每间隔约 2.0 m 设置有一道横向钢筋混凝土拉杆；林旺段渡槽（11+473～12+997 段）槽身宽 1.9 m、高约 1.5 m、壁厚约 70 mm，槽壳内半径约为 0.7 m，设计流量 1.6 m^3/s，设计流速 1.10 m/s，槽身顶部每间隔约 2.0 m 设置有一道横向钢筋混凝土拉杆。

渡槽槽身截面示意图如图 4-23 所示。渡槽 2+185～2+635 是软基段，地基为淤泥质砂软基。该区段总长是 450 m，涉及支架约 45 榀。

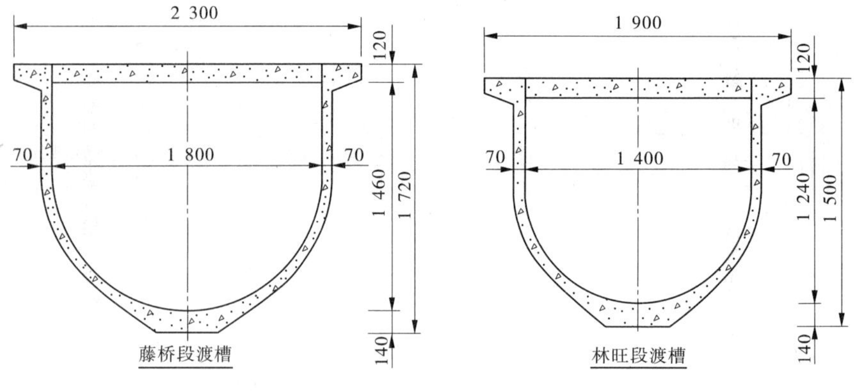

图 4-23 渡槽槽身截面示意图

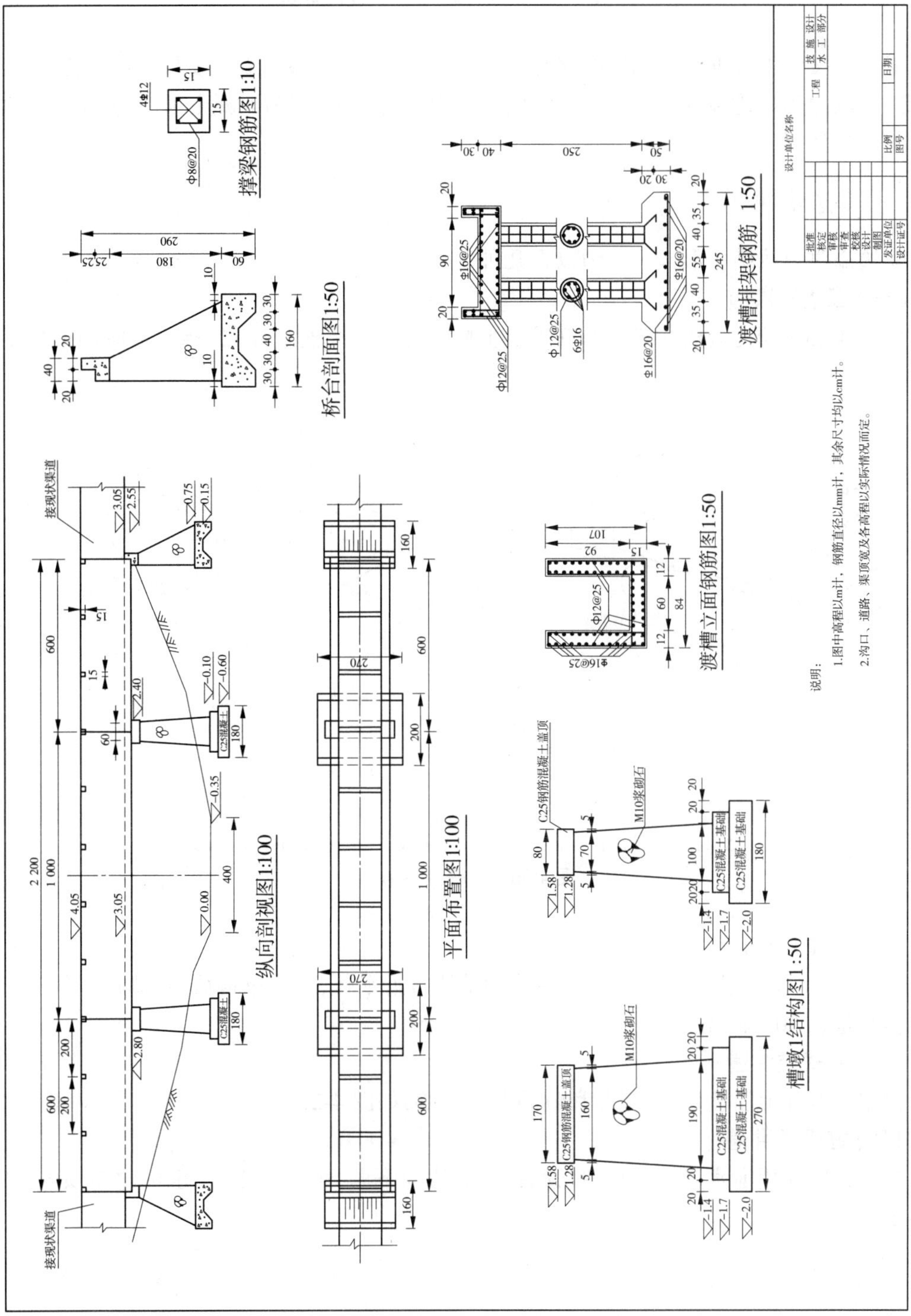

图 4-24 三亚市赤田渡槽结构图

第五节　溢洪道概述

溢洪道按泄洪标准和运用情况,分为正常溢洪道和非常溢洪道。按其所在位置,分为河床式溢洪道和岸边溢洪道。河床式溢洪道经由坝身溢洪,多为混凝土坝使用;岸边溢洪道为土石坝使用。

一、岸边溢洪道

岸边溢洪道按结构形式可分为以下几种。

(一)正槽溢洪道

如图 4-25 所示,泄槽与溢流堰正交,过堰水流与泄槽轴线方向一致,是应用最广的形式。

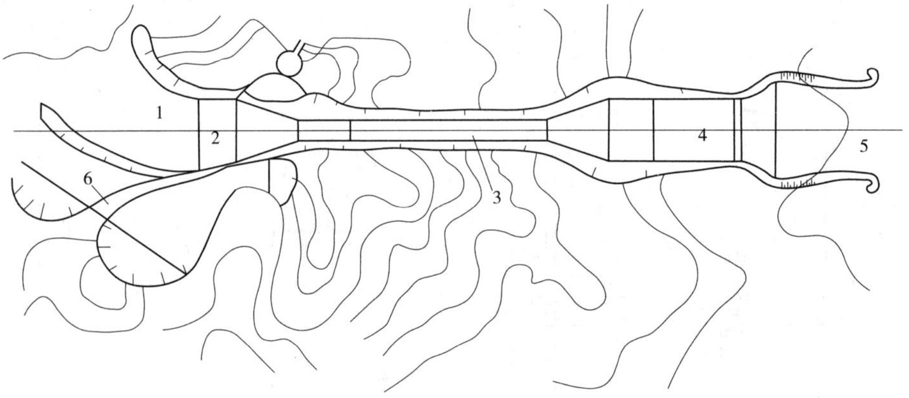

1—引水渠;2—溢流堰;3—泄槽;4—出口消能段;5—尾水渠;6—非常溢洪道

图 4-25　正槽溢洪道

(二)侧槽溢洪道

如图 4-26 所示,溢洪道的泄槽与溢流堰轴线接近平行,水流过堰后,在侧槽段的极短距离内转弯约 90°,再经泄槽或斜井、隧洞泄入下游。

(三)井式溢洪道

洪水流经环形溢流堰,经竖井和隧洞泄入下游,如图 4-27 所示。

(四)虹吸溢洪道

利用虹吸作用泄水,水流出虹吸管后,经泄槽向下游,可建在岸边,也可建在坝内,如图 4-28 所示。

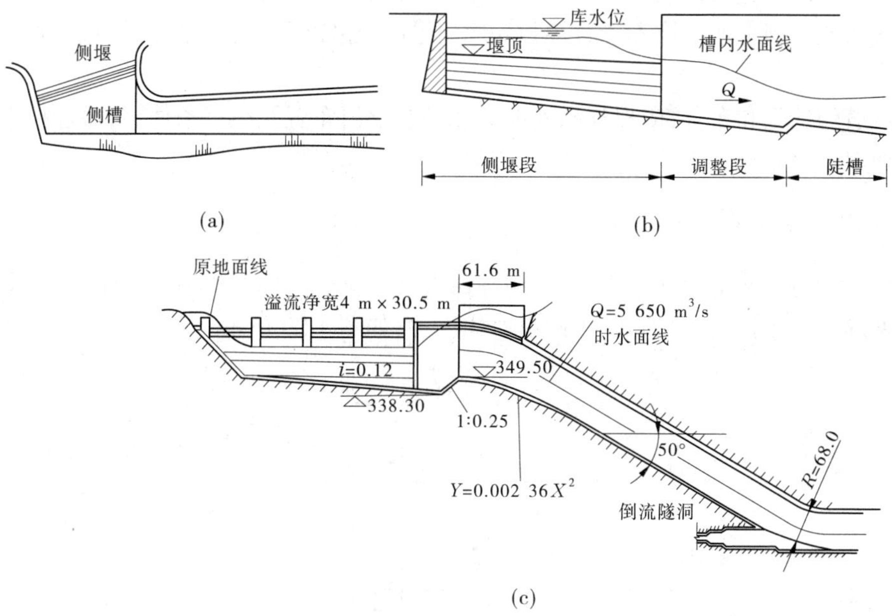

图 4-26　侧槽溢洪道

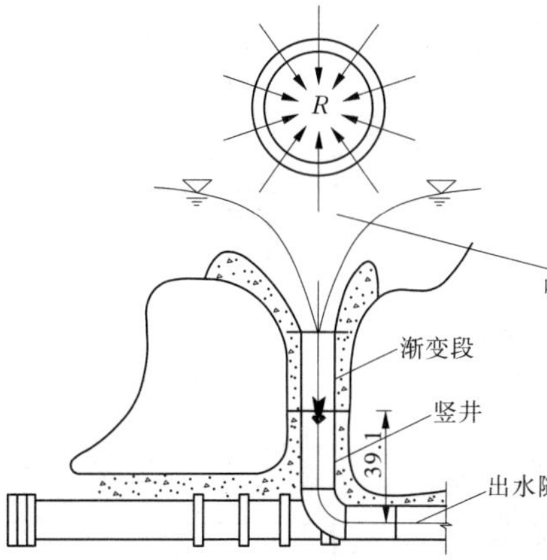

图 4-27　井式溢洪道

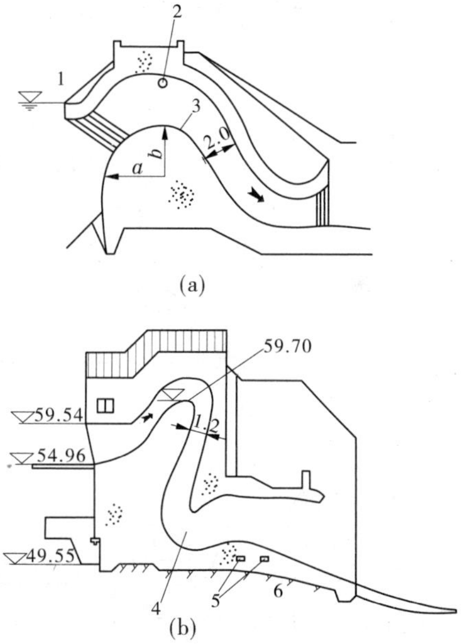

1—遮檐;2—通气孔;3—挑流坎;
4—弯曲段;5—排污孔;6—基岩

图 4-28　虹吸溢洪道

岸边溢洪道通常由进水渠、控制段、泄水段、消能段组成。进水渠起进水与调整水流的作用。控制段常用实用堰或宽顶堰,堰顶可设或不设闸门。泄水段有泄槽和隧洞两种形式。为保护泄槽免遭冲刷和岩石不被风化,一般都用混凝土衬砌。消能段多用挑流消能或水跃消能。当下泄水流不能直接归入原河道时,还需另设尾水渠,以便与下游河道妥善衔接。

溢洪道的选型和布置,应根据坝址地形、地质、枢纽布置及施工条件等,通过技术经济比较后确定。

二、非常溢洪道

非常溢洪道是当遭遇非常洪水时,为确保大坝安全方才启用的泄水建筑物,非常溢洪道的常见形式有漫流式、自溃式、爆破引溃式三种,如图 4-29 所示。

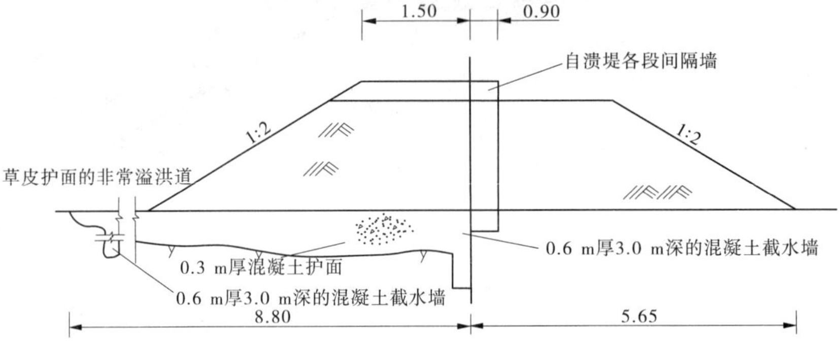

(a)漫顶自溃式非常溢洪道

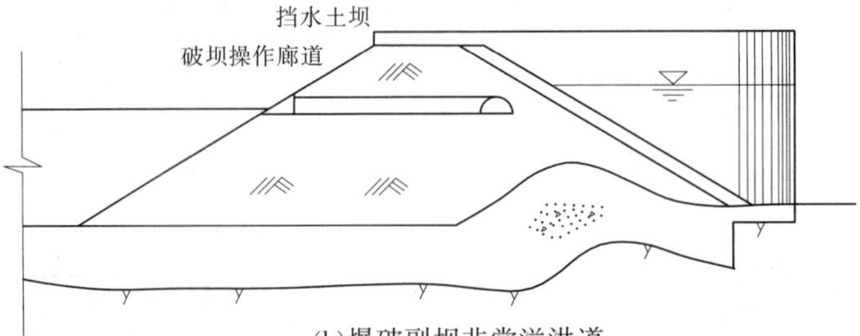

(b)爆破副坝非常溢洪道

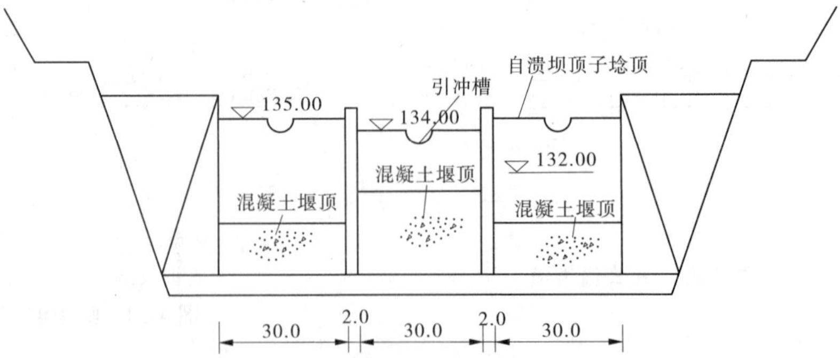

(c)引冲自溃式非常溢洪道

图 4-29 不同形式的非常溢洪道 (单位:m)

（一）漫流式非常溢洪道

漫流式非常溢洪道的布置与正槽溢洪道类似，堰顶高程应选用与非常溢洪道启用标准相应的水位高程。控制段（溢流堰）通常采用混凝土或浆砌石衬砌。设计标准应与正槽溢洪道控制段相同，以保证泄洪安全。控制段下游的泄槽和消能防冲设施，如行洪过后修复费用不高时可简化布置，甚至可以不做消能设施。控制段可不设闸门控制，任凭水流自由宣泄。溢流堰过水断面通常做成宽浅式，故溢流前缘长度一般较长。因此，这种溢洪道一般布置在高程适宜、地势平坦的山坳处，以减少土石方开挖量。

（二）自溃式非常溢洪道

自溃式非常溢洪道有漫顶溢流自溃式和引冲自溃式两种形式。漫顶溢流自溃式溢洪道由自溃坝（或堤）、溢流堰和泄槽组成。自溃坝布置在溢流堰顶面，坝体自溃后露出溢流堰，由溢流堰控制泄流量，自溃坝平时可起挡水作用，但当库水位达到一定高程时应能迅速自溃行洪。为此，坝体材料宜选择无黏性细砂土，压实标准不高，易被水流漫顶冲溃。当溢流前缘较长时，可设隔墙将自溃坝分隔为若干段，各段坝顶高程应有差异，形成分级分段启用的布置方式，以满足库区出现不同频率稀遇洪水的泄洪要求。

（三）爆破引溃式非常溢洪道

与自溃式类似，爆破引溃式非常溢洪道是由溢洪道进口的副坝、溢流堰和泄槽组成。当溢洪道启用时，引爆预先埋设在副坝廊道或药室的炸药，利用爆破的能量把布置在溢洪道进口的副坝强行炸开决口，并炸松决口以外坝体，通过快速水流的冲刷，使副坝迅速溃决而泄洪。如果这种溢洪措施副坝较长，也可分段爆破。爆破的方式、时间可灵活、主动掌握。由于这种引溃方式是由人工操作的，因此使坝体溃决有可靠的保证。

第六节　溢洪道识读

【例 4-4】　根据图 4-30~图 4-33 对三插溪水电站溢洪道进行识读。

图 4-30　三插溪水电站溢洪道入口

(一)工程概况

三插溪水电站,位于浙江省泰顺县黄桥乡境内,距县城约 40 km。该工程是一项以水力发电为主的Ⅲ等水利枢纽工程,主要由拦河大坝、溢洪道、发电引水系统、发电厂房、升压站及输变电工程等组成。水库控制集雨面积 267.5 km^2,总库容 4 661 万 m^3,调节库容 3 026 万 m^3,属中型水库;拦河大坝为混凝土面板堆石坝,最大坝高 88.8 m,坝顶长 186 m;引水隧洞为有压圆洞,全长 3 729 m,设计发电水头 141 m,总装机容量 4.4 万 kW(2×2.2 万 kW),设计年发电量 1.057 亿 kW·h,年产值 5 000 多万元。

三插溪水电站为Ⅲ等工程,水库为中型水库,电站属小(1)型电站。大坝、溢洪道及放空管为 3 级建筑物,其设计洪水标准为 50 年一遇,校核洪水标准为 200 年一遇。水库正常蓄水位 340.00 m,发电死水位 305.00 m,设计洪水位 342.97 m($P=2\%$),校核洪水位 346.31 m($P=1‰$)。

工程由拦河大坝、溢洪道、放空洞、发电引水系统、电站厂房和升压站等主要建筑物组成。混凝土面板堆石坝布置于三插溪与石章坑小溪汇合口下游峡谷地带的主河道上,河床宽 25~30 m;导流洞布置于右岸,长 355 m;放空隧洞布置于右岸,设龙抬头与导流洞连接;发电引水系统位于左岸,由进水口、发电引水隧洞、调压井、高压斜洞及钢岔管等组成。

(二)溢洪道

溢洪道位于左岸,与大坝左坝头相邻,溢流堰轴线与坝轴线成 24°夹角,斜向下游。岸边式正槽溢洪道由进水渠、控制闸、泄槽及消能段组成。

进水渠在平面上布置成圆弧曲线,渠底宽 46 m,渠底高程 328.00 m,中心线转弯半径 92 m,转角 62°,中心线弧长 99.55 m,底板采用 C15 混凝土护底,两岸高程 364.40 m 以下采用浆砌块石护坡。

控制闸下部为溢流堰,上部为交通桥和启闭机室。溢流堰面采用 WES 曲线型,C15 埋石混凝土结构,堰顶高程 333.00 m,堰上最大水头 13.31 m。堰上设弧形闸门控制,闸门尺寸 10 m×9.50 m(宽×高),总净宽 40 m。中墩厚 2 m,C20 混凝土结构,边墩为 C15 混凝土重力式结构,兼作两岸挡墙,闸室总长度为 22 m。闸室坐落在弱风化基岩上,并设基础锚筋和做固结灌浆、帷幕灌浆处理。与大坝趾板帷幕连接封闭。

控制闸下游为泄槽。泄槽段水平长 122 m,底坡 1:3,斜长 129 m。底板用 C20 钢筋混凝土衬砌,厚 50 m,与基岩接触部位设基础锚筋,底板下预埋纵横向多孔排水管系统。泄槽两侧设 C15 混凝土重力式边墙。泄槽起始桩号 0+017.00,底宽 46 m,至 0+047.00 桩号处收缩为 36 m,此后为 36 m 等宽。在桩号 0+029.00~0+062.00 间,泄槽与冲沟相交叉,冲沟内清除覆盖层后回填碾压堆石体,该部分堆石填筑要求同大坝主堆石区,部分泄槽底板坐落在该堆石体上,厚度增至 1.50 m,底板分块间设键槽连接锁定。泄槽底板按 11 m×12 m 间距设伸缩缝,缝内设 PVC 止水。

泄槽下游为挑流消能段。设反弧挑鼻坎挑流,反弧半径 20 m,鼻坎顶高程 286.17 m,挑射角 25°,采用 C20 混凝土结构,设钢筋网和基础锚筋。挑射水流进入下游河床消能。

三插溪水电站工程由浙江省水利水电勘测设计院设计。工程于 1998 年建成并投产,目前运行良好。

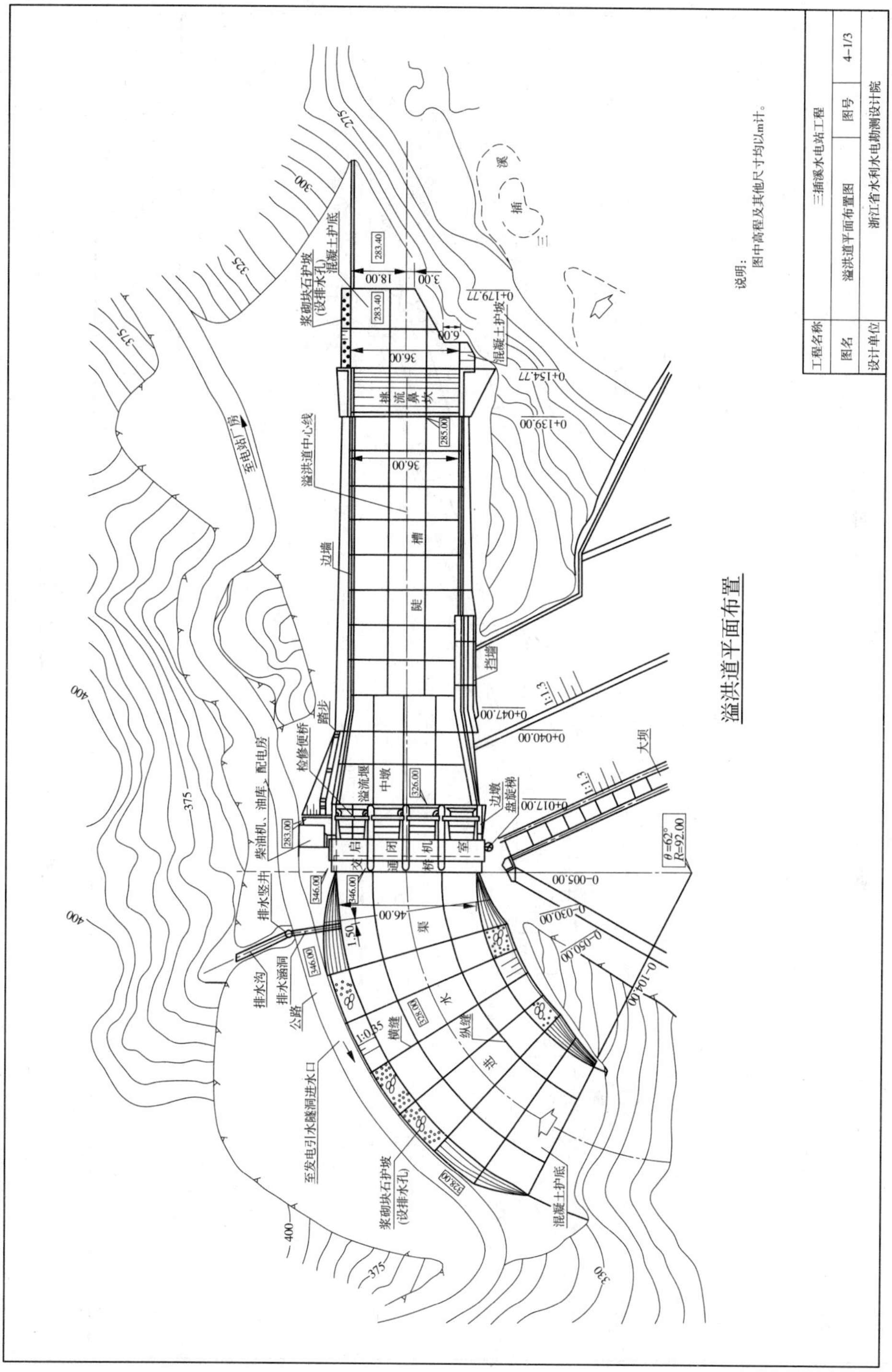

图 4-31　三插溪水电站溢洪道平面布置图

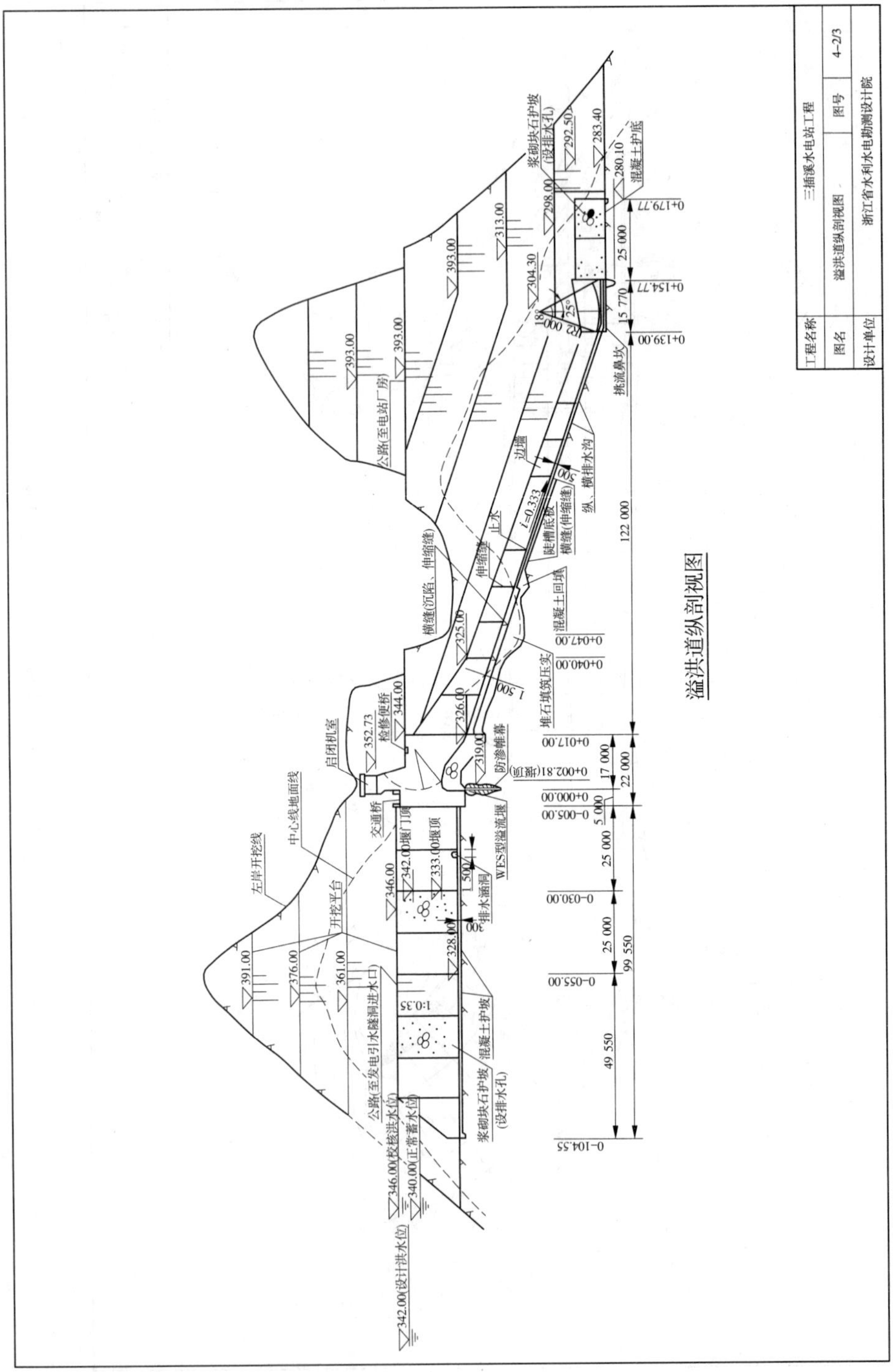

图 4-32　三插溪水电站溢洪道纵剖视图

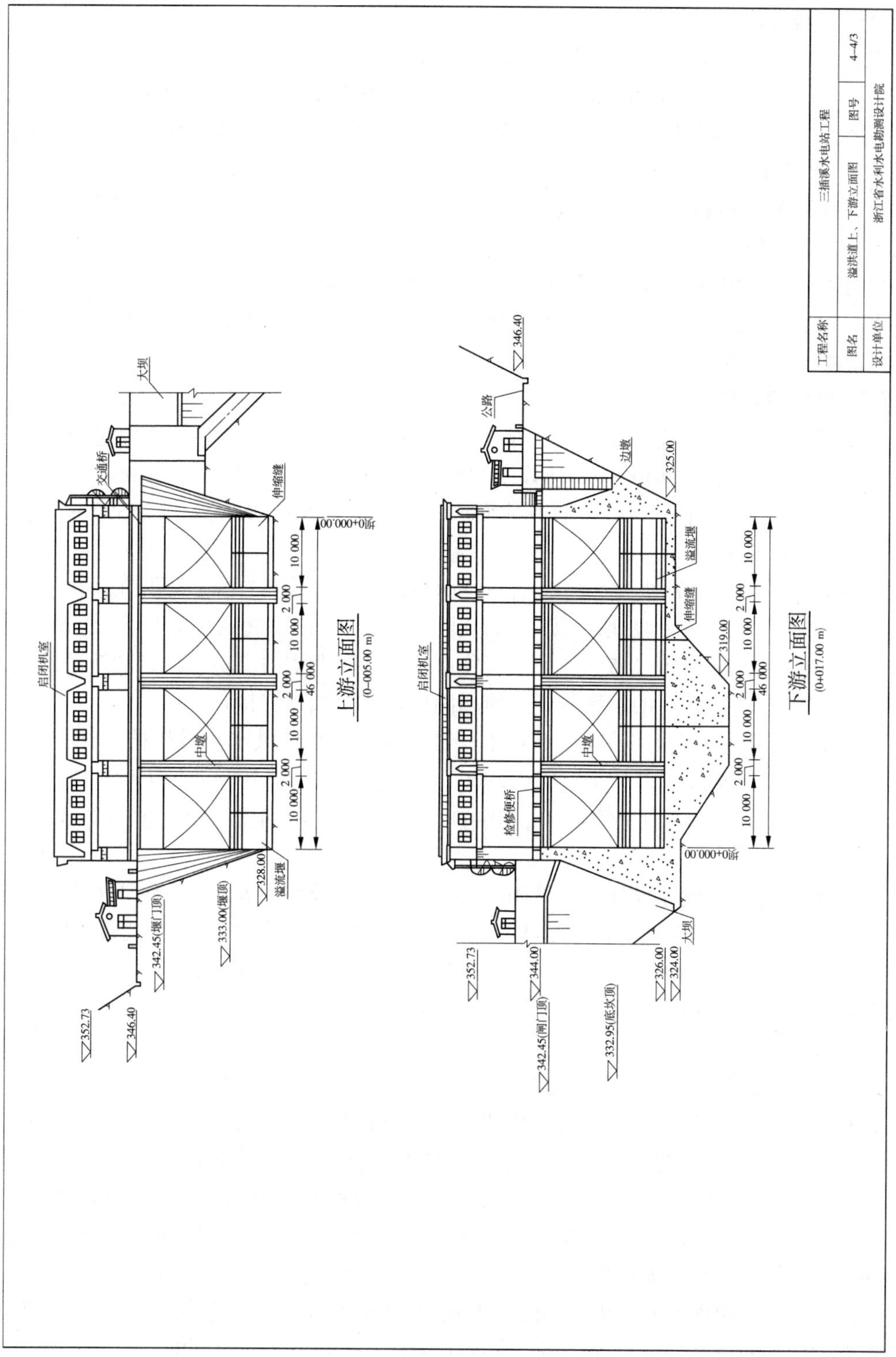

图 4-33　三插溪水电站溢洪道上、下游立面图

【例 4-5】 根据图 4-34～图 4-37 对西北口水库溢洪道进行识读。

(一)工程概况

西北口水库位于长江左岸一级支流黄柏河东支中游，湖北省宜昌县境内，距宜昌市 46 km。坝址以上流域面积 862 km^2，多年平均年径流量 3.88 亿 m^3。该工程以灌溉为主，兼顾防洪、拦沙和发电。最大坝高 95 m，总库容 2.10 亿 m^3，设计灌田 10 万 hm^2，电站装机容量 18.90 MW。

坝址处为 V 形河谷，两岸自然边坡为 1∶1～1∶1.40。大坝坐落在上寒武系黑石沟组地层上，岩性为炭质灰岩与白云质灰岩。

枢纽工程由大坝、溢洪道、泄洪洞、发电洞(洞径 5 m)坝后式电站组成。

大坝为混凝土面板堆石坝，最大坝高 95 m，坝顶长 222 m，是水利部的试验坝，也是我国首座混凝土面板堆石坝。

(二)溢洪道识读

泄洪洞和发电洞均布置在左岸山体内，泄洪洞最大泄流量 1 594 m^3/s，由进口段、溢流堰段、"龙抬头"陡槽衔接段、主洞体段及单向曲面贴角挑流鼻坎组成。主洞体 8.80 m×13.20 m(宽×高)城门洞形，由导流洞改建而成。挑坎段宽 8 m，坎顶高程 255.0 m，挑角 25°，泄洪洞全长 524.54 m。

溢洪道布置在右坎肩处，设两孔 12.00 m×14.00 m(宽×高)的溢流孔口，用弧门控制。溢流堰为 WES 型实用堰，堰后接 1∶2.50 的陡槽，末端接窄缝式挑流鼻坎，坎顶高程 255.00 m，出口宽 8 m，全长 215 m。为了避免单孔开启时泄槽内出现不稳定的拆冲水流，两孔之间全线用宽 1.50 m 的中墩隔开。泄槽间用撑梁将墙顶连接。

工程按 100 年一遇洪水设计，10 000 年一遇洪水加上 20%洪水流量校核。其下泄流量分别为：$P=1\%$库水位 322.62 m，$Q_{联}=2\ 900\ m^3/s$，其中 $Q_{溢}=2\ 166\ m^3/s$；$P=0.01\%$加上 20%库水位 330.29 m，$Q_{联}=6\ 060\ m^3/s$，其中 $Q_{溢}=3\ 759\ m^3/s$。正常蓄水位高程为 322.00 m。

由于地形所限，因此原设计进口采用不对称形式。左导墙用 $R=33$ m 的 1/6 圆弧，切点接半圆形。右导墙用 $R=60$ m 与 $R=93.25$ m 的圆弧相接，边坡 1∶0.50。试验发现进口水流流态紊乱，左右两侧水头差较大。后经试验修改：右导墙原状不变，左导墙顺直向上游延长 5 m，后接 $R=33$ m 拐角为 79°的圆弧。左导墙头部为 $x^2/390^2+y^2/360^2=1$ 和 $x^2/490^2+y^2/360^2=1$ 的椭圆曲线。

原设计溢洪道出口为对称曲面贴角窄缝式挑坎。试验发现挑流水舌前部入水集中，造成对河床的直接冲刷，并严重干扰坝后式电站和威胁右岸山体的稳定。后经试验修改，左、右两孔均采用了不同的出口结构形式。左孔的左边墙采用 $R=22.60$ m 的圆弧与桩号 0+202.00 断面边墙相切，贴角底边为直线；右边墙为斜直线和直贴角，出口轴线偏右 1 m。底部为深槽的窄缝式挑坎。右孔为对称扭曲面扩散形式，左右两侧墙顶部各扩散 0.80 m，出口呈梯形，坎底加深槽。

溢洪道经采用两种不同的出口消能工形式后，调整了挑流水舌的落点，一前一后；左、右两孔水舌均纵向拉开，横向扩散；部分水舌在空中碰撞消能，减轻了冲刷。

西北口水库溢洪道由湖北省水利水电勘测设计院设计，长江水利委员会葛洲坝工程局施工，1991 年 9 月下闸蓄水投入运行，先后 7 次泄洪，最大泄流量 $Q_{联}=911\ m^3/s$，消能防冲效果良好。

图 4-34　西北口水库溢洪道进口处

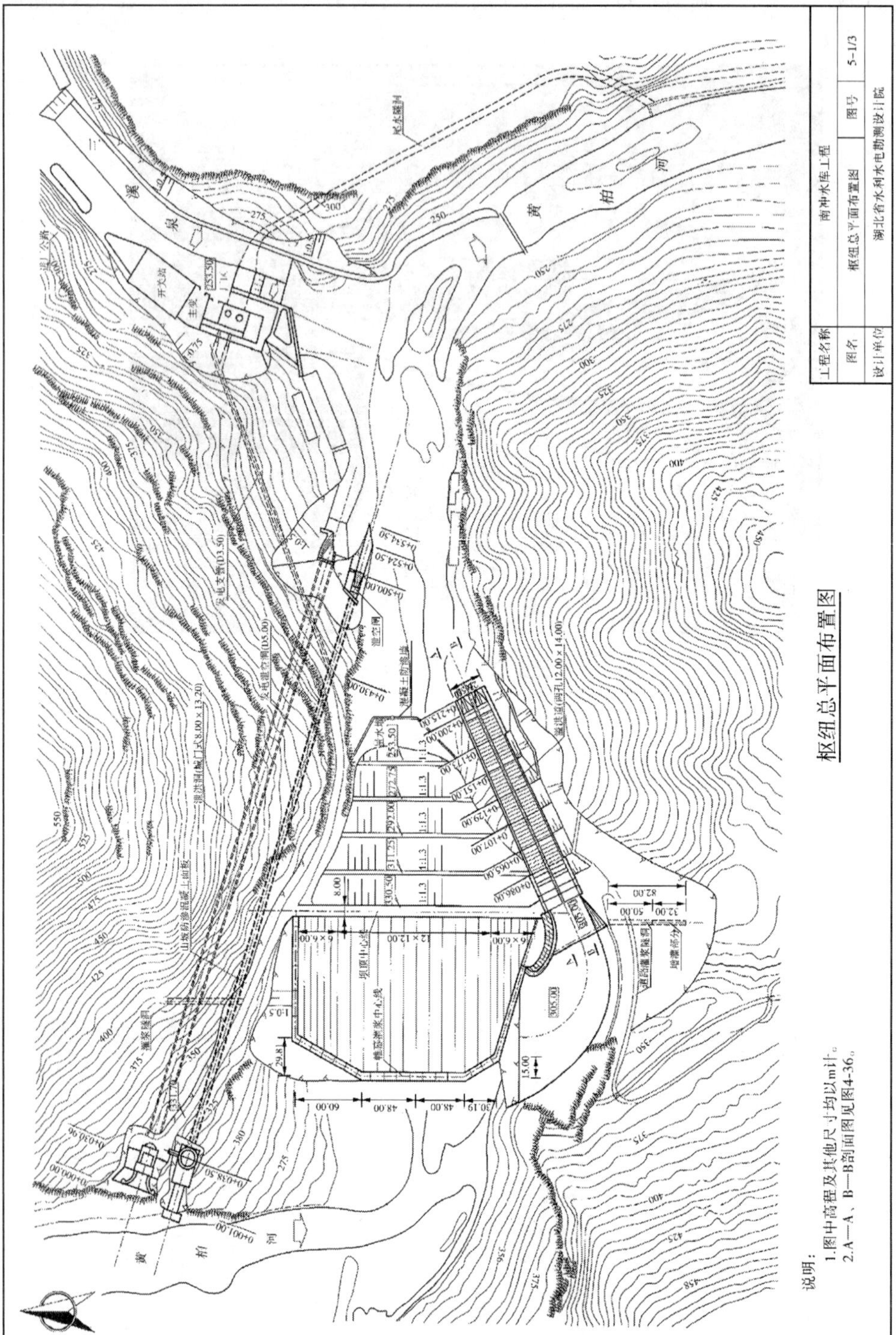

图 4-35　西北口水库溢洪道枢纽总平面布置图

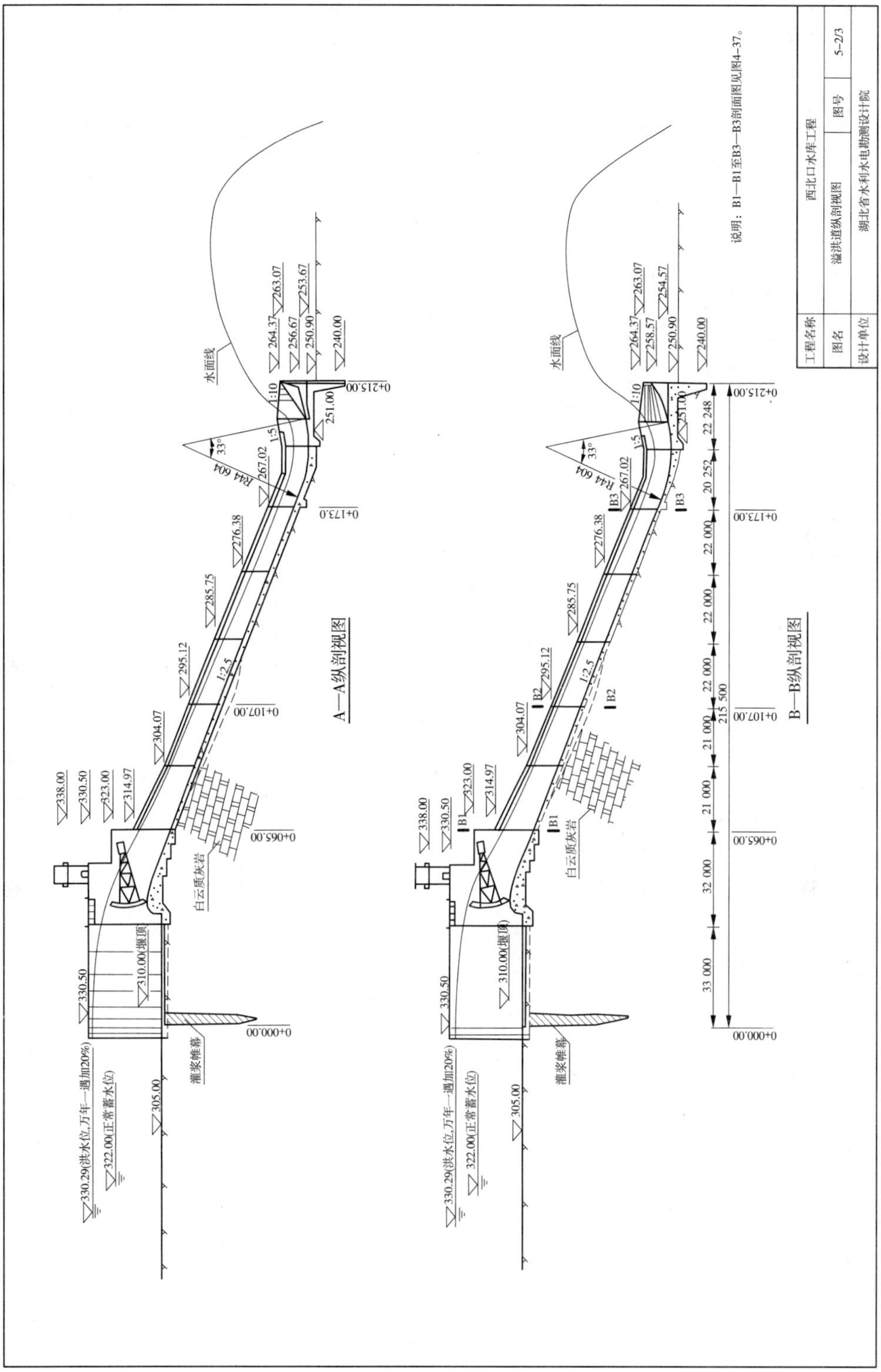

图 4-36　西北口水库溢洪道纵剖视图

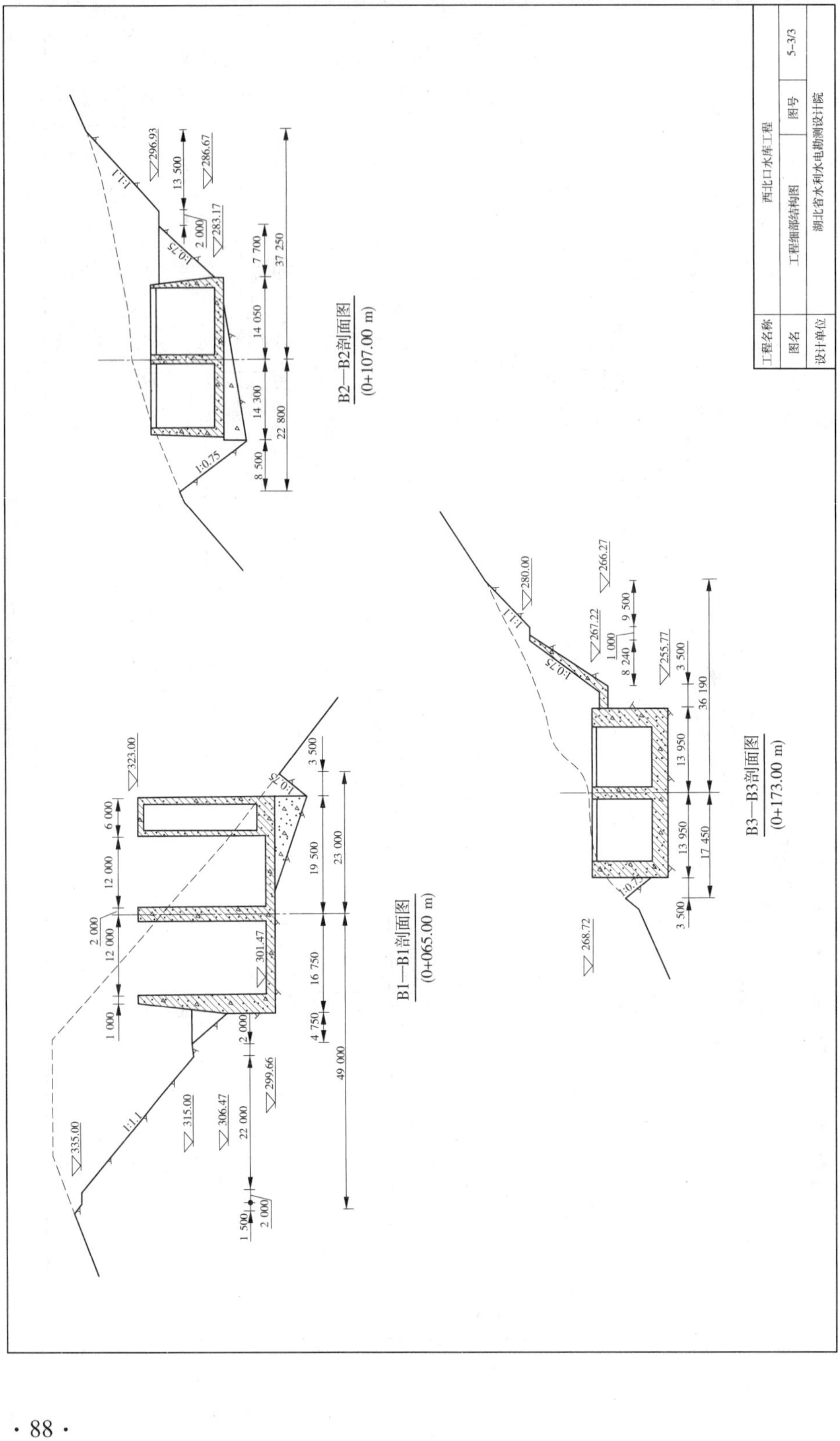

图 4-37 西北口水库溢洪道工程细部结构图

参考文献

[1] 中华人民共和国水利部. 水利水电工程制图标准 基础制图:SL 73.1—2013[S]. 北京:中国水利水电出版社,2013.
[2] 庞璐. 水利工程制图[M]. 北京:中国水利水电出版社,2018.
[3]《水利水电施工图识读入门》编写组. 水利水电施工图识读入门[M]. 北京:中国建材工业出版社,2013.
[4] 王传荣,沈刚,毕守一. 水利工程识图实训[M]. 北京:中国水利水电出版社,2010.
[5] 冯保清. 农田水利工程技术培训教材:小型农田水利工程设计图集[M]. 郑州:黄河水利出版社,2011.
[6] 水利电力部水利水电规划设计院. 小型水利水电工程设计图集　混凝土坝分册[M]. 北京:水利电力出版社,1986.
[7] 水利电力部水利水电规划设计院. 小型水利水电工程设计图集　砌石坝分册[M]. 北京:水利电力出版社,1986.
[8] 水利电力部水利水电规划设计院. 小型水利水电工程设计图集　砌石坝分册[M]. 北京:水利电力出版社,1986.